Rachid Tigrine
Lamia Saim

Ondes de Spin dans les Films Minces avec Brisures de Symétries

Rachid Tigrine
Lamia Saim

Ondes de Spin dans les Films Minces avec Brisures de Symétries

Noor Publishing

Imprint
Any brand names and product names mentioned in this book are subject to trademark, brand or patent protection and are trademarks or registered trademarks of their respective holders. The use of brand names, product names, common names, trade names, product descriptions etc. even without a particular marking in this work is in no way to be construed to mean that such names may be regarded as unrestricted in respect of trademark and brand protection legislation and could thus be used by anyone.

Cover image: www.ingimage.com

Publisher:
Noor Publishing
is a trademark of
International Book Market Service Ltd., member of OmniScriptum Publishing Group
17 Meldrum Street, Beau Bassin 71504, Mauritius

Printed at: see last page
ISBN: 978-613-9-43188-5

Ondes de Spin dans les Films Minces avec Brisures de Symétries

Rachid Tigrine

Remerciements

Le travail présenté dans ce mémoire a été effectué au Laboratoire de Physique et Chimie Quantique (L. P. C.Q) de l'Université Mouloud Mammeri de Tizi–Ouzou sous la direction de Monsieur, le professeur Tigrine Rachid, que je tiens à remercier vivement pour avoir dirigé sans relâche mon travail avec beaucoup de compétence et surtout de patience. J'exprime aussi toute ma gratitude au professeur Lalam Fadila de l'Université Mouloud Mammeri de Tizi–Ouzou d'avoir accepté de présider le jury.

Je tiens à exprimer également à Messieurs, Bourahla Boualem Maitre de Conférence (A), au professeur Mokdad Rabah, au professeur Hellal Slimane et à Chadli Rabah chargé de Maitre de Conférence (B) à l'Université Mouloud Mammeri de Tizi–Ouzou, toute ma reconnaissance pour l'honneur qu'ils mon fait d'avoir accepté de faire partie du jury. En fin je tiens à remercier tous les membres de l'équipe de recherche surfaces et interfaces, pour leurs soutiens et leurs encouragements durant toute cette période.

Dr .L. Saim

SOMMAIRE

Chapitre IV: Impacte de lacune sure trios et un plans atomique

Annexes

Introduction générale

Les études concernant les systèmes de basses dimensions (les films ultraminces, systèmes nanostructurés,….), ont connus un progrès considérable ces dernières années sur le double plan théorique et expérimental. La course à la miniaturisation des dispositifs technologiques, ouvre de larges perspectives industrielles, elle permet d'accroitre les capacités de stockage de l'information et la rapidité de fonctionnement des composants. Cette miniaturisation s'accompagne d'une réduction du volume. Dans ce contexte, la surface joue un rôle capital. Ainsi, des effets considérés comme négligeables deviennent prépondérants et intéressants [1-18]. Depuis une vingtaine d'années l'évolution continue, la plus part des recherches scientifique sont orientées vers l'étude des systèmes magnétiques infiniment petits, en général, et systèmes ferromagnétiques de très faibles dimension en particulier. Cela est dû à leurs grandes gammes d'utilisation. En effet, ces systèmes sont à la base de fabrication de plusieurs composants industriels qui sont utilisés dans différents domaines (l'information, la communication, etc.) [19-23]. Les films ultraminces et nano-fils présentent de part leurs faibles dimensions des propriétés quantiques nouvelles. L'élaboration des nanostructures à géométries parfaitement contrôlées se fait principalement par la technique « top-down » ce genre de technique consiste à produire de très petites structures par attaque chimique en partant de grands morceaux. Les nanostructures peuvent être obtenues aussi par la technique « bottom-up » en manipulant et en déposant atome par atome ou molécule par molécule [24-25].Malgré les progrès enregistrés ces dernières années dans les techniques de préparation et d'élaboration des systèmes de dimensionnalité réduite, ces derniers présentent plusieurs types de défauts à l'échelle atomique. La présence de ces défauts est confirmée par des techniques expérimentales, comme la microscopie à effet tunnel (S.T.M) et à force atomique (A.F.M), qui offrent une vision directe de la morphologie des systèmes. L'existence de ces défauts, induit en conséquence une modification des propriétés thermo-physiques des systèmes [26-29]. La recherche théorique dans le domaine des nanostructures s'est concentrée dans sa majorité sur l'étude des propriétés électroniques. L'exemple le plus étudie, est celui de la conduction électrique dans des systèmes mésoscopiques. La résistance de tels composés, dont les dimensions sont de l'ordre du nanomètre, ne peut pas être prédite par la théorie classique du transport. Pour la comprendre, il faut se placer dans un cadre quantique et tenir compte des phénomènes d'interférences se produisant lors da la superposition des fonctions d'ondes électroniques. Landauer a proposé à la fin des années 50, une approche de ce problème qui s'est révélée particulièrement riche et adaptée [30-31]. Il a montré que la conductance d'un fil quantique est directement liée aux propriétés de diffusion du système considéré comme un guide d'ondes perturbé par des défauts de structure. Sur le plan expérimental, les nanostructures et les couches minces sont souvent réalisées à l'état poly- cristallin pour des applications bien précises, par exemple en microélectroniques [24]. Depuis, de nombreux auteurs ont adopté ce modèle pour des systèmes souvent traités comme quasi-unidimensionnels, et ils ont mis en évidence à l'aide de méthodes théoriques des phénomènes intéressants [32-33]. Dans le domaine magnétique, des efforts considérables ont été développés pour la compréhension du comportement des excitations magnétiques, en examinant le mouvement de précession des spins pour relever les effets de l'interaction entre les états du système parfait et les états localisés au voisinage des défauts [34-39] et la diffusion d'ondes de spin ou de magnons par des défauts implantés. Ils ont constaté que la diffusion de ces ondes de spin par les défauts produits des phénomènes analogues à ceux observés dans le cas électronique [40-43].

En revanche l'approche des phénomènes de diffusion d'ondes de spin (ou magnons) et de la dynamique précessionnelle dans les systèmes ferromagnétiques quasi-bidimensionnels désordonnés reste un exercice difficile. L'objectif de notre travail, est de contribuer à une meilleure compréhension de certains effets dus à la présence de défauts nanostructuraux dans les systèmes ferromagnétiques quasi-bidimensionnels. Notre étude théorique consiste à faire une simulation numérique sur les propriétés de localisation et de diffusion d'ondes de spin dans les systèmes ferromagnétiques de basses dimensions désordonnées. Nous avons choisi d'appliquer cette étude à trois différents systèmes désordonnés. Le premier présente une interface magnétique comme défaut, le deuxième présente deux contre marches de hauteur monoatomique, tandis que le troisième présente un défaut lacunaire. Tout le long de ce travail nous considérons que tous les systèmes sont déposés sur un substrat non magnétique et sont ainsi libres des interactions magnétiques; et aussi nous tenons compte uniquement des interactions entre spins premiers proche voisins.

Le premier chapitre, de ce mémoire présente les notions de base de la dynamique des spins dans les systèmes ferromagnétiques ordonnés, ainsi que les différentes méthodes théoriques qui sont utilisées pour l'étude des systèmes désordonnés. Notre travail s'appuie sur la méthode de raccordement, initiée par Feuchtwang et par la suite développée par le Professeur Antoine Khater et ses collaborateurs [41-43]. Il existe, bien entendu d'autres méthodes théoriques dans la littérature scientifique pour traiter ces sujets d'étude, et nous faisons mention de certaines d'entre elles dans ce chapitre.

Le deuxième chapitre constitue une application directe du formalisme rappelé au chapitre précédent. Il traite la diffusion d'ondes de spin par une interface magnétique couplant deux différents films ferromagnétiques A et B. Chacun des deux films étant formé par trois plans atomiques. Dans ce chapitre nous avons fait une étude dynamique dans la région de volume; et on a calculé les vitesses de groupe qui sont nécessaires pour la normalisation des grandeurs physiques formant la matrice de diffusion, c'est ainsi qu'on a déterminé les états localisés, les densités d'états, les coefficients de transmission et de réflexion et la conductance magnonique du système.Le chapitre trois est consacré à l'étude de la diffusion d'ondes de spin par un défaut de géométrie compliquée que celui du chapitre précédent. En effet, cette fois-ci l'un des films est formé par un plan atomique au lieu de trois plans atomiques. Dans ce cas, on est en présence de deux contre marches de hauteur monoatomique.

Le dernier chapitre porte sur l'étude de la diffusion d'ondes de spin dans un système présentant un défaut de type lacunaire.

Nous terminons notre travail par une conclusion générale qui illustre les principaux résultats obtenus à travers notre étude ainsi que les perspectives offertes dans ce domaine de recherche, qui ouvre de nombreuses voies à la résolution des problèmes de diffusion dans les composants magnétiques de faibles dimensions de différentes géométries.

Nous avons repoussé en annexes quelques développements secondaires qui auraient inutilement alourdi notre travail. Ainsi nous avons rappelé les différents méthodes utilisées pour le calcul de la vitesse de groupe d'une onde de spin ferromagnétique en annexe A, et enfin, nous avons fait un rappel sur la méthode qui permet de calculer les densités spectrales et densités d'états des ondes de spin en annexe B.

Chapitre I

Dynamique précessionnelle des spins dans les systèmes ferromagnétiques

I.1 Introduction

Certains corps magnétiques n'ont une aimantation qu'en présence d'un champ magnétique extérieur appliqué, tandis que les ferromagnétiques ont une aimantation même en absence de champ. Celle-ci est connue sous le nom d'aimantation spontanée, provenant de l'interaction intrinsèque entre les spins atomiques qui sont localisés sur les différents sites du réseau [1].

A des très basses températures, un système ferromagnétique est dans un état fondamental, où tous les spins sont parallèles entre eux et orientés dans un même sens. Une agitation thermique suffit pour exciter ce système, donc les vecteurs de spins subissent des déviations collectives qui se propagent d'un spin à son plus proche voisin. Ces déviations ou bien ces oscillations, ont une forme d'une onde qui se propage, elle porte le nom d'onde de spin. Ces oscillations proviennent de l'orientation relative des spins du cristal. Elles sont semblables aux ondes élastiques dans un réseau, qui proviennent, des oscillations relatives des atomes dans le réseau [44].

Dans ce chapitre, nous exposons quelques notions de base sur la dynamique des spins dans les solides ferromagnétiques ordonnés. Puis nous présentons, par la suite les différents méthodes théoriques qui sont développées ces dernières années, pour l'étude des systèmes ferromagnétiques désordonnés. A la fin de ce chapitre, nous décrirons le principe de la méthode de raccordement, que nous allons utiliser dans notre étude pour la détermination des états de magnons localisés au voisinage d'un défaut, ainsi que de la diffusion d'ondes de spin dans un système ferromagnétique de basse dimension.

I.2 Dynamique des spins dans les systèmes ferromagnétiques ordonnés

I.2.1 Propriétés de symétrie

Deux atomes occupant deux sites équivalents dans un réseau cristallin, effectuant les mêmes mouvements vibrationnels à une phase près, cette propriété est due à la périodicité du réseau cristallin [45,21]. Les conditions aux limites périodiques appelées aussi conditions de Born Von Karman [46] permettent par simple translation d'un cristal fini de *N* atomes, de modéliser la dynamique vibrationnelle d'un cristal infini.

En ce qui concerne les magnons, la dynamique précessionnelle des vecteurs de spin d'un système ferromagnétique infini est basée sur les conditions aux limites périodiques semblables aux méthodes de calculs pour les phonons [47]. Elles permettent par simple translation d'une maille élémentaire de spin de décrire la dynamique précessionnelle des vecteurs de spin d'un cristal ferromagnétique illimité.

I.2.2 Equations de mouvement et matrice dynamique

Considérons un système ferromagnétique composé de *N* spins excités par un mode précessionnel de fréquence angulaire ω. Soit $\vec{a}$, $\vec{b}$ et $\vec{c}$ les trois vecteurs de base définissant la maille élémentaire du système. Le vecteur position d'un nœud du réseau peut être alors défini par :

$$(n, s, m) = n\vec{a} + s\vec{b} + m\vec{c} \qquad \text{(I.1)}$$

Où(n, s, m), sont des entiers naturels positifs, négatifs ou nuls.

Les excitations magnétiques d'un système de spins, sont décrites à partir d'un Hamiltonien *H* du type Heisenberg [48-51], décrivant toutes les interactions entre premiers voisins, il est donné généralement sous la forme suivante:

$$H = -2\sum_{p,p`} J(p,p`)\vec{S}_p \cdot \vec{S}_{p`} \qquad \text{(I.2)}$$

S_p et $S_{p`}$, sont deux vecteurs de spin situés sur les sites $p$ et $p`$ du réseau magnétique.

$J(p,p`)$, est un scalaire positif dans le cas d'un réseau ferromagnétique. La théorie quantique le donne sous forme d'une intégrale appelée *intégrale d'échange*. Sa valeur dépend des fonctions d'ondes électroniques des deux atomes et surtout de leur recouvrement. Cette intégrale est très sensible à la distance entre les deux atomes: elle diminue très rapidement lorsque celle-ci augmente; pour une paire d'atome $(p,p`)$ plus éloignée que premiers voisins l'intégrale $J(p,p`)$ est négligeable, c'est pour ce la qu'on ne s'intéresse qu'aux interactions entre premiers proches voisins. [47,52].La sommation dans l'équation (I.2) est effectuée sur toutes les paires de spins $(p,p`)$ en interaction du système: chaque paires étant dénombrée une seule foi.Le mouvement de précession d'un vecteur de spin S_p situé sur un site p quelconque du réseau de spins est donné par l'équation de *Landau-Lifshitz* [53-56]

$$\frac{d\vec{S}_p}{dt} = \gamma \vec{S}_p \times \vec{B}_p \qquad (I.3)$$

Où S_p est le vecteur de spin d'un atome se trouvant sur le site p de coordonnées *n, s,* et *m,* suivant les trois directions cartésiennes *x, y* et *z* respectivement. Les nombres *n, s,* et *m,* sont des entiers naturels positives, négatives ou nulles.

γ est un rapport dit gyromagnétique, il est donné par la relation suivante :

$$\gamma = \frac{g u_B}{\hbar} \qquad (I.3a)$$

$\vec{B}_p$ Est un champ effectif régnant sur le site p. Celui-ci est donné par:

$$\vec{B}_p = \left(\frac{-2J}{g\mu_B}\right)\left(\vec{S}_{p-1} + \vec{S}_{p+1}\right) \qquad (I.3b)$$

tel que g est le facteur de *Landé*, μ_B est le magnéton de *Bohr*.

Le moment magnétique au site p est donné par la relation :

$$\vec{\mu}_p = -g\mu_B \vec{S}_p \qquad (I.4)$$

D'après la mécanique élémentaire, la vitesse de variation du moment cinétique $\hbar\vec{S}_p$, est égale au couple $\vec{u}_p \times \vec{B}_p$, qui agit sur le spin :

$$\hbar\frac{d\vec{S}_p}{dt} = \vec{\mu}_p \times \vec{B}_p = -g\mu_B \vec{S}_p \times \left[\vec{S}_{p-1} + \vec{S}_{p+1}\right]\left(\frac{-2J}{g\mu_B}\right) \qquad (I.5)$$

soit,

$$\frac{d\vec{S}_p}{dt} = \frac{2J}{\hbar}\left[\vec{S}_p \times \vec{s}_{p-1} + \vec{S}_p \times \vec{S}_{p+1}\right] \qquad (I.6)$$

En coordonnées cartésiennes, on aura :

$$\frac{dS_p^x}{dt} = \frac{2J}{\hbar}\left[S_p^y\left(S_{p-1}^z + S_{p+1}^z\right) - S_p^z\left(S_{p-1}^z + S_{p+1}^y\right)\right] \qquad (I.6a)$$

$$\frac{dS_p^y}{dt} = \frac{2J}{\hbar}\left[S_p^z\left(S_{p-1}^x + S_{p+1}^x\right) - S_p^x\left(S_{p-1}^z + S_{p+1}^z\right)\right] \qquad (I.6b)$$

$$\frac{dS_p^z}{dt} = \frac{2J}{\hbar}\left[S_p^x\left(S_{p-1}^y + S_{p+1}^y\right) - S_p^y\left(S_{p-1}^x + S_{p+1}^x\right)\right] \qquad (I.6c)$$

Si l'amplitude de l'excitation est faible$\left(S_p^x, S_p^y \ll S\right)$, nous pouvons obtenir un système approché d'équations linéaires en prenants $S_p^z = S$, et en négligeant les termes d'ordre supérieur faisant intervenir le produit de S_p^x et S_p^y qui apparaissent dans l'expression de $\frac{dS_p^z}{dt}$.

Nous obtenons

$$\frac{dS_p^x}{dt} = \frac{2JS}{dt}\left(2S_p^y - S_{p-1}^y - S_{p+1}^y\right) \quad \text{(I.7a)}$$

$$\frac{dS_p^y}{dt} = -\frac{2JS}{dt}\left(2S_p^x - S_{p-1}^x - S_{p+1}^x\right) \quad \text{(I.7b)}$$

$$\frac{dS_p^z}{dt} = 0 \quad \text{(I.7c)}$$

En introduisant la quantité :

$$S_P^+ = S_p^x + iS_p^y \quad \text{(I.8)}$$

Et en cherchant des solutions sous forme d'ondes planes de la forme :

$$S_p^+ = u(n,s,m).exp(i\omega t) \quad \text{(I.9)}$$

L'équation générale du mouvement de précession d'un vecteur de spin sur un site p de coordonnées n, m et s, en absence de champ magnétique total est donné sous la forme suivante [20, 31,57-58] :

$$\begin{aligned}\omega u(n,s,m) = 2\frac{JS}{\hbar}\{&6u(n,s,m) - [u(n-1,s,m) + u(n+1,s,m)] \\ &-[u(n,s+1,m) + u(n,s-1,m)] \\ &-[u(n,s,m+1) + u(n,s,m-1)]\}\end{aligned} \quad \text{(I.10)}$$

Où la quantité $u(n,s,m)$, représente l'amplitude de l'onde de spin.

L'équation de mouvement (I.10), peut être écrite pour tous les N vecteurs de spins du système ferromagnétique considéré. Nous somme alors en présence d'un système d'un système à N équations de mouvement qu'on ne peut pas résoudre. Par ailleurs, un système ferromagnétique infini composé d'une répétition périodique dans l'espace de Bloch, de cellules magnétiques contenant k spins, présente l'avenage de la symétrie de translation, qui avec les conditions aux limites périodiques, permet de réduire le champ de précession des vecteurs de spin. En effet, de la périodicité spatiale du réseau cristallin, deux vecteurs de spin S_p et $S_{p'}$ occupant deux sites équivalents du réseau magnétique de spins, effectuent à une phase près les mêmes mouvements de précession. Par conséquent, leurs amplitudes de précession vérifient à chaque instant t, la relation suivante , [30-59] :

$$\vec{u}(p`,\omega) = \vec{u}(p,\omega) \cdot expi\vec{q} \cdot \vec{r}(p,p`) \qquad (I.11)$$

Où q, est vecteur d'onde du réseau réciproque du système cristallin, et $\vec{r}(p,p`)$ est vecteur joignant la position d'équilibre du spin $p$ à celle du spin $p`$.

La relation (I.11), permet de réduire le système d'équation (I.10) contenant N équations à un système à k équations homogènes à N inconnues, qu'on peut mettre sous la forme matricielle suivante :

$$[\omega I - M_D(\vec{q})] \cdot |u\rangle = |0\rangle \qquad (I.12)$$

Où : $M_D(\vec{q})$ est la matrice dynamique de taille $(k \times k)$, dont les éléments dépendent généralement des constantes d'échanges entre les spins ainsi que de la valeur du quantum de spin du système.

I: est la matrice identité, et $|u\rangle$ le vecteur propre associé aux amplitudes de précession des vecteurs de spin de la cellule magnétique.

La condition pour que le système d'équation (I.12) ait des solutions non triviales en ω, est que le déterminant soit nul :

$$det[\omega I - M_D(\vec{q})] = 0 \qquad (I.13)$$

Cette condition de compatibilité donne une équation algébrique en ω, qui permet de déterminer les modes de précession du solide, qui sont caractérisés par les k solutions ω_s, avec s=1, 2 ,3.....k et $\omega_s > 0$,[1,46,48] .

I.3 Dynamique des spins dans les systèmes ferromagnétiques désordonnés

Les conditions aux limites de Born et Von Karman, s'appliquent uniquement à des systèmes périodiques infinis, mais dans le cas des systèmes magnétiques semi-infinis, désordonnés et qui présentent des brisures de symétrie translationnelle suivant une direction donnée; rend impossible l'application de ces conditions. A cause de cette brisure de symétrie le théorème de Bloch n'est pas applicable suivant cette direction. Dans ce cas, on fait appel à d'autres méthodes théoriques adaptées pour pouvoir réaliser un couplage entre les équations du mouvement d'une couche atomique à une autre du système semi-infini. Ces méthodes permettent, soit de résoudre des systèmes infinis d'équations, soit de limiter; dans une approximation valable, le nombre d'équations et d'inconnus. Pour cela plusieurs méthodes ont été élaborées et adaptées à l'étude des systèmes magnétiques désordonnés pour les calculs des états de magnons localisés, ainsi que pour l'étude du phénomène de diffusion d'ondes de spin. Parmi celles-ci, citons la méthode de diagonalisation directe, appelée aussi la méthode de Slab, la méthode des fonctions de Green et la méthode de raccordement.

I.3.1 La méthode de diagonalisation directe (méthode de Slab)

Cette méthode a été introduite pour la première fois par Clark en 1965. Sa première application à un système physique a été réalisée par Allen et ces collaborateurs, qui se sont plus particulièrement intéressés à l'étude des ondes élastiques en surface d'un réseau cubique à faces centrées et aux effets induits par un dépôt d'une couche mince adsorbée, [60-61] Durant les vingt dernières années, cette méthode est apparue comme pratique et puissante pour l'étude des phonons et magnons. Le principe de base de la méthode, consiste à limiter les systèmes magnétiques étudiés à un nombre fini de plans atomiques de structure périodique, donnant lieu à deux surfaces limites. Cette méthode met en jeu un grand nombre de plans atomiques, afin de garantir l'existence d'une région dite de volume au centre du système. Il reste alors à écrire les équations du mouvement de précession des vecteurs de spin du système. La résolution numérique de cette dernière détermine les valeurs et vecteurs propres, ce qui donne accès au calcul des courbes de dispersions et de densités d'états de magnons de surface. [62-63]. L'inconvénient de cette méthode est la grande dimension de la matrice dynamique qui pose des difficultés pour sa résolution et augmente les temps de calcul lors des simulations numériques.

I.3.2 La méthode des fonctions de Green

Cette méthode a été introduite pour la première fois par *Lifshitz* et *Rosenzweig* en 1948 pour étudier les modes de vibrations localisés en surface [40]. Plus tard, elle est devenue parmi l'une des techniques les plus utilisées dans la détermination des états de magnons localisés en surface [48,64].

Le principe de la méthode consiste à créer un réseau semi-infini à partir d'un réseau infini en annulant les interactions entre les atomes situés de part et d'autre du plan bissecteur de deux plans atomiques consécutifs. Cette modification est interprétée comme une perturbation agissant sur la matrice dynamique M_D du système magnétique illimité en la transformant en une matrice M_S qui s'écrit sous la forme:

$$M_S = M_D + W \tag{I.14}$$

Où W représente la matrice de perturbation composée d'une sous-matrice non nulle dont l'ordre fini dépend du nombre de plans atomiques affectés par la perturbation.

Si $G(\omega)$ est la matrice des fonctions de Green définie par:

$$G(\omega) = [\omega I - M_D]^{-1} \tag{I.15}$$

Pour un système perturbé la fonction de Green peut s'exprimer comme suit:

$$G_S(\omega) = [\omega I - M_S]^{-1} = [\omega I - (M_D + W)]^{-1}$$

$$G_S(\omega) = \left[(\omega I - M_D) \times \left(I - \frac{W}{\omega I - M_D}\right)\right]^{-1}$$

$$G_S(\omega) = [(\omega I - M_D) \times (I - G(\omega).W)]^{-1}$$

D'où la relation matricielle suivante:

$$G_S(\omega) = [(I - G(\omega).W)]^{-1} \cdot G(\omega) \tag{I.16}$$

L'ensemble des états de précessions du système perturbé est alors donné par les pôles de la fonction $G_S(\omega)$, [1, 47, 53].

I.3.3 La méthode de raccordement

Cette méthode a été introduite pour la première fois par Feuchtwang en 1967, [65] pour étudier l'équilibre de la structure statique d'un réseau cristallin semi-infini à trois dimensions. Par suite, dans un deuxième travail, il a développé ses idées dans le but de créer un formalisme théorique sur la dynamique vibrationnelle des atomes dans un système semi-infini [65].

Cette méthode a été reprise en 1987 par Szeftel et Khater dans deux articles; le premier étant un développement du formalisme mathématique utilisé et le second est une application direct aux surface *Ni(100)* et *Ni(100) -c (2x2),* [66].

La méthode de raccordement a été ensuite adaptée et appliquée dans l'étude des ondes de spin au voisinage des défauts par certains auteurs, plus particulièrement on peut citer les travaux de M. G. Cottam, A. Khater, M. Abou Ghantous.

a. principe de la méthode:

La méthode est analytique, son principe de base consiste à décrire les mouvements de précession des vecteurs de spin d'un système semi-infini ferromagnétique par un nombre fini d'équations, en divisant l'espace du solide (système) en trois régions,[1,32] voir figure (I.1).

- **La région de volume:**

C'est une partie du réseau qui se trouve loin du défaut, c'est-à-dire hors de la portée de tous les effets de celui-ci. Cette région représente le cristal parfait, elle nous permet de tracer les courbes de dispersion des magnons en volume et le calcul des facteurs de phase ou valeurs propres et les vecteurs de la matrice dynamique de cette zone parfaite sur lesquels est basé ce formalisme.

- **La région de défaut :**

C'est la région qui renferme tous types de défauts: interface, contre marche, deux contres marches, lacune,......, elle a en général des propriétés différentes de celle du volume, d'où la perte de la périodicité du réseau.

- **La région de raccordement:**

C'est la région située (intermédiaire) entre la région de volume et la région de défaut. Elle permet, dans la modélisation théorique proposée, de raccorder analytiquement les états localisés de défaut aux états pressionnels évanescents de volume.

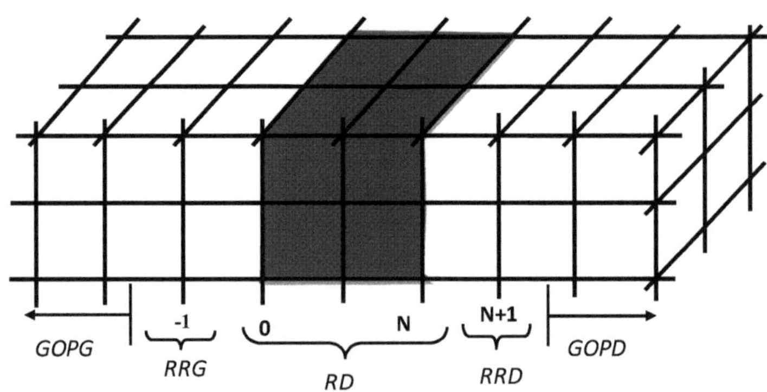

Figure I.1 Représentation schématique d'un système ferromagnétique en présence d'un défaut visualisation des régions de défaut (RD), de raccordements {(RRG), (RRD)} et des deux guides d'ondes parfaits (volume) {(GDPG), (GDPD)}.

Compte tenu de la brisure de symétrie dans la direction normale au défaut, la relation pour les amplitudes de précession des vecteurs de spins dans la direction cartésienne α, entre d'une part un vecteur spin p appartenant à un plan n et d'autre part vecteur spin $p`$ appartenant à un autre plan $n`$, tous deux parallèle au défaut mais se trouve dans la région de volume vérifient la relation suivante :

$$u_\alpha(p`, n`, \omega) = u_\alpha(p, n, \omega). Z^{(n`-n)} exp i\vec{q}.\vec{r}(p, p`) \qquad (I.17)$$

Où Z est un facteur de phase inconnu, normal au défaut, tel que $|Z| \leq 1$, q est le vecteur d'ondes dans la première zone de Brillouin, et α représente une des trois directions cartésiennes x, y et z.

En insérant (I-17) dans les équations de mouvements (I-10), on obtient un système d'équations qui s'écrit analytiquement comme suit :

$$\begin{aligned} \omega u(n,s,m) = 2\frac{JS}{\hbar}\{6u(n,s,m) &- [u(n-1,s,m) + u(n+1,s,m)] \\ &-[u(n,s-1,m) + u(n,s+1,m)] \qquad (I.18) \\ &-[u(n,s,m-1) + u(n,s,m+1)]\} \end{aligned}$$

Ou bien sous la forme matricielle suivante :

$$[\omega I - D(\vec{q}, Z)].|u\rangle = |0\rangle \qquad (I.19)$$

La condition de compatibilité de ce système donne accès pour chaque couple $(\vec{q}, \omega)$ à une équation séculaire en Z dont les solutions caractérisent les différents modes de précession en volume suivant la direction normale au défaut. Les solutions telles que $|Z| = 1$,sont des modes itinérants (propageant), et celles vérifiant$|Z| < 1$, correspondent à des modes évanescents depuis le défaut vers le volume.

b. Formulation du problème

Nous considérons des ondes incidentes venant de la gauche du défaut, se dirigeant vers la droite, et nous fixons aussi l'origine du repère sur la position $n = 0$, de la première colonne perturbée.

Le mode incident pourrait être une superposition des modes propres du guide d'onde parfait. Nous écrivons pour $n < 0$ [43]:

$$\vec{u}_{in}^{n} = [Z(\bar{v})]^n \cdot \vec{p}(\bar{v}) \qquad (I.20)$$

L'indice $\bar{v}$ désignera toujours le mode incident, et $Z(\bar{v})$les facteurs de phase associés au mode propre $\bar{v}$ et $p(\bar{v})$ le vecteur propre correspondant. L'indice n désigne le site occupé par vecteur de spin suivant la direction de propagation(ox) .En arrivant à la zone défaut, l'onde incidente se sépare en deux parties: une transmise $\vec{u}_t$, et une autre réfléchie $\vec{u}_r$.Ces deux ondes seront différentes de l'onde incidente. Il faut donc développer les deux ondes réfléchie et transmise sous forme d'une combinaison linéaire de vecteurs $T_{v\bar{v}}$et$R_{v\bar{v}}$, définissants deux espaces finis, sur la base des modes propres [67], comme suit :

$$\vec{u}_t^n = \sum_v T_{v\bar{v}} \cdot [Z(v)]^n \cdot \vec{p}(v) \quad \text{Pour } n \geq N+1 \tag{I.21}$$

$$\vec{u}_r^n = \sum_v R_{v\bar{v}} \cdot [Z(v)]^{-n} \cdot \vec{p}\,(v) \quad \text{Pour } n \leq -1 \tag{I.22}$$

Les quantités $T_{v\bar{v}}$ et $R_{v\bar{v}}$, sont des facteurs complexes qui ont une normalisation prés par le rapport des vitesses de groupe.

La matrice M_P, du système perturbé trouve son origine dans l'écriture des équations du mouvement de précession des vecteurs de spin appartenant à la zone comprise entre les colonnes $n = -1$et $n = N + 1$(spins de la région défaut et ceux de raccordement), qui peut se mettre sous la forme suivante :

$$[M_P] \cdot |u\rangle = |0\rangle \tag{I.23}$$

Les vecteurs $|u\rangle$ représente les amplitudes de précession de tous les vecteurs de spin appartenant à la zone comprise entre les colonnes $n = -1$ et $n = N + 1$ (fig1)

Il peut être décomposé en deux parties: la première $|irr\rangle$, constituée par les amplitudes de précession des vecteurs de spin des sites irréductibles formant la région de défaut, et la seconde formée par les amplitudes de précession des vecteurs de spin des sites de raccordement ($n = -1$ et $n = N + 1$). Ainsi on écrit :

$$|u\rangle = \begin{bmatrix} |irr\rangle \\ |rac\rangle \end{bmatrix} \tag{I.24}$$

c. Calcul des grandeurs physiques

Comme nous l'avons dit auparavant, les quantités $T_{v\bar{v}}$ et $R_{v\bar{v}}$ permettent de calculer certaines grandeurs physiques intéressantes, telles que les coefficients de transmission, de réflexion et la conductance magnonique.

c.1 Calcule des coefficients de réflexion et de transmission

A partir des quantités $T_{v\bar{v}}$ et $R_{v\bar{v}}$, on peut calculer les coefficients de transmissions $t_{v\bar{v}}$ et de réflexions $r_{v\bar{v}}$.

Soit $|R_{v\bar{v}}\rangle$ et $|T_{v\bar{v}}\rangle$, les vecteurs de base pour les coefficients de réflexion et de transmission, et $|irr\rangle$ le vecteur formé par les amplitudes de précession des vecteurs de spin des sites irréductibles. Les équations du mouvement de précession des vecteurs de spin des sites formants le système perturbé peuvent être écrites dans la base $[|irr\rangle, |R_{v\bar{v}}\rangle, |T_{v\bar{v}}\rangle]$. On obtient ainsi un système d'équations inhomogènes de la forme:

$$|u\rangle = \begin{bmatrix} |irr\rangle \\ |rac\rangle \end{bmatrix} = [M_R] \times \begin{bmatrix} |irr\rangle \\ |R_{v\bar{v}}\rangle \\ |T_{v\bar{v}}\rangle \end{bmatrix} + |IH\rangle \tag{I.25}$$

Où $[M_R]$ est la matrice de raccordement et $|IH\rangle$ est un vecteur regroupant les termes inhomogènes.

En multipliant (I.25), par la matrice dynamique $[M_P]$, on obtient un système d'équations de la forme suivante :

$$|M_P\rangle \times |u\rangle = [M_P] \cdot \begin{bmatrix} |irr\rangle \\ |rac\rangle \end{bmatrix} = [M_P] \times [M_R] \times \begin{bmatrix} |irr\rangle \\ |R_{v\bar{v}}\rangle \\ |T_{v\bar{v}}\rangle \end{bmatrix} + [M_P] \times |IH\rangle \tag{I.26}$$

En utilisant l'équation (I.25), le système (I.26) peut être réécrit comme suit

[46, 32,34] :

$$[M_P] \times [M_R] \times \begin{bmatrix} |irr\rangle \\ |R_{v\bar{v}}\rangle \\ |T_{v\bar{v}}\rangle \end{bmatrix} = [M_S] \times \begin{bmatrix} |irr\rangle \\ |R_{v\bar{v}}\rangle \\ |T_{v\bar{v}}\rangle \end{bmatrix} = -[M_P] \times |IH\rangle \tag{I.27}$$

$$\begin{bmatrix} |irr\rangle \\ |R_{v\bar{v}}\rangle \\ |T_{v\bar{v}}\rangle \end{bmatrix} = -[M_S]^{-1} \times [M_P] \times |IH\rangle \tag{I.28}$$

Si v est un mode propageant du guide d'ondes et $\bar{v}$ le monde incident, les coefficients cités sont données respectivement par les relations suivantes

[32-34,69-70] :

$$r_{v\bar{v}} = \left[\frac{V_{gv}}{V_{g\bar{v}}}\right] \cdot |R_{v\bar{v}}|^2 \tag{I.29}$$

$$t_{v\bar{v}} = \left[\frac{V_{gv}}{V_{g\bar{v}}}\right] \cdot |T_{v\bar{v}}|^2 \tag{I.30}$$

Où V_{gv} est la vitesse de groupe correspondante au mode propre v.

Dans la diffusion, la conservation de l'énergie transportée par l'onde de spin incidente, induit l'unitarité de la somme du coefficient de réflexion et de transmission pour chaque mode de volume du système. On impose la normalisation par le rapport des vitesses de groupe pour les coefficients définis ci-dessus dans le cas propageant et on prend nulle dans le cas évanescent. On considère que l'onde de spin incidente a une amplitude normalisée, la somme des coefficients est égale à 1, et on écrit [30, 19] :

$$\sum_v (r_{v\bar{v}} + t_{v\bar{v}}) = 1 \tag{I.31}$$

Cette dernière relation serra très utile pour contrôler nos calculs lors de simulation.

c.2 Calcul de la conductance magnonique

Par analogie avec la conductance électronique et phononique qui sont liées aux phénomènes de diffusion, il est utile de définir la conductance magnonique d'un défaut pour une énergie Ω donnée [71]. Cette conductance notée $\sigma(\Omega)$:

$$\sigma(\Omega) = \sum_{v,\bar{v}} t_{v\bar{v}} \tag{I.32}$$

Où la somme est effectuée sur tous les modes propageant à une énergie Ω.

Pour un guide d'onde parfait, sans défaut la conductance magnonique σ, est un entier qui donne le nombre de modes propageants à l'énergie considérée, par contre en présence d'un défaut, σ n'est plus entier ; ce défaut crée un écart entre le σ idéal et sa valeur provenant des processus de diffusion. Cet écart donne une mesure de la réflexion causée par la diffusion de l'onde de spin sur les défauts.

Chapitre II

Diffusion de magnons par une interface magnétique

II.1 Introduction

Au cours de ces deux dernières décennies une nouvelle forme de matériaux fait l'objet de nombreuses recherches, il s'agit de matériaux nanostructurés [30]. L'un des défis de la technologie moderne, en ce moment, est de créer des systèmes atomiques ou moléculaires capable de transférer une information à l'échelle du nanomètre. Dans ce contexte, la science des interfaces joue un rôle capital puisqu'elle permet aujourd'hui l'élaboration de plusieurs matériaux de fonction avec une géométrie parfaitement contrôlée. L'objectif principal de ce chapitre est d'étudier le phénomène de diffusion d'ondes de spin à travers une interface magnétique couplant deux différents films ferromagnétiques A et B, en fonction de l'onde excitée et des grandeurs physiques caractérisant les deux matériaux. Cette étude sera menée dans un cadre très simple où on va utiliser un Hamiltonien d'Heisenberg, décrivant toutes les interactions entre premiers voisins. La méthode de calcul que nous avons adopté pour cette étude est la méthode de raccordement [71], rappelée au chapitre précédent. Un calcul d'états de magnons localisés ainsi que de densités d'états des spins formants le défaut a été fait dans le but de voir l'influence de l'interface magnétique sur la propagation d'ondes de spin.

II.2 Description du modèle

Le système modèle que nous avons choisi d'étudier est schématisé sur la figure (II.1). Celui-ci est obtenu par la juxtaposition de deux films ferromagnétiques A et B différents, de structure cubique simple *CS.* Notre système est infini dans les deux directions *(ox), (oy)* et limité à trois plans atomiques dans la direction *(oz*

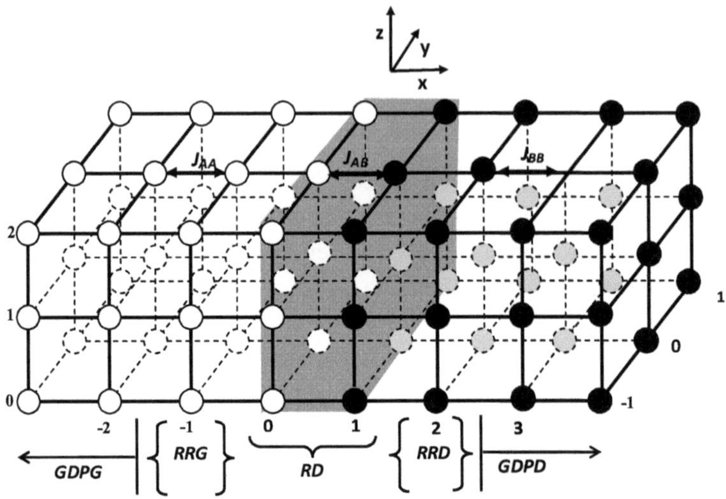

Figure. II.1: Représentation schématique d'une interface magnétique couplant deux différents films ferromagnétiques, visualisation des régions : de défaut **(RD)**, de raccordement **{(RRD), (RRG)}**, et des deux guides d'ondes parfaits **{(GDPG), (GDPD)}**.

A chaque atome du réseau situé sur un site p, nous avons attribué un vecteur de spin, $S_p(n,\ s,m)$de composantes S_p^x,S_p^y et S_p^z . Les indices *(n, s, m)*, sont des nombres entiers donnant la position du spin le long des trois directions cartésiennes *x, y* et *z,* respectivement.

L'axe *z* et la composante S_p^z sont perpendiculaires à la surface du système, l'axe *y* est parallèle à l'interface magnétique (défaut).Quand a l'axe *x*, il est normal à cette dernière.

Étant donné que les deux films ont des paramètres physiques différents, alors l'interface de contact entre ces films, constitue un défaut qui brise la symétrie de translation dans la direction *(ox).*Cela fait que le théorème de Bloch n'est pas applicable suivant cette direction. La résolution d'un tel problème, nécessite l'emploi de la méthode de raccordement.

L'application de cette méthode, exige que le système soit divisé en trois régions, comme montre la figure (II .1) :

a La région de défaut **(RD)**, correspond au domaine perturbé.

b La région de volume, qu'est suffisamment éloignée du défaut pour qu'elle possède des propriétés du système parfait, elle est située de part et d'autre de l'interface. Dans le cas présent on a deux régions de volume; l'une du coté droit du défaut **(GOPD)**, et l'autre du coté gauche **(GOPG)**.

c La région de raccordement; elle est située entre la région de défaut et la région de volume. Dans notre cas, on a deux régions de raccordements ; une du coté droit du défaut**(RRD)**, et l'autre du coté gauche du défaut**(RRG)**.

Après avoir donné une description générale du notre système, maintenant la question importante qu'on pourra poser est la suivante:

« Comment une telle configuration de défaut influence-t-elle la propagation des modes propres du guide d'onde parfait ?»

Notre étude est réalisée dans un cadre simple, où nous n'avons pas tenue compte de certains paramètres physiques (champ magnétique extérieur, le champ d'anisotropie, interaction dipolaire, le terme Zeeman,....). Cela n'est pas un choix arbitraire mais dans le but d'alléger le formalisme mathématique du problème, ainsi que pour mieux contrôler les différents paramètres du système qui interviennent dans le calcul des équations du mouvement de précession des vecteurs de spins.
L'intégrale d'échange est limitée aux premiers proches voisins; elle est considérée perturbée par la présence de l'interface magnétique. Alors nous avons introduit les différents paramètres d'échanges suivants :

J_{AA}: interaction d'échange entre les spins appartenant à la zone de volume A.
J_{BB}: interaction d'échange entre les spins appartenant à la zone de volume B.
J_{AB}: interaction d'échange appartenant à la zone perturbée.

Aussi pour simplifier les calculs nous avons introduit les paramètres suivants:

$$\gamma_1 = {J_{AB}}/{J_{AA}} \qquad (II.1)$$

$$\gamma_2 = {J_{BB}}/{J_{AA}} \qquad (II.2)$$

$$\gamma = {S_B}/{S_A} \qquad (II.3)$$

Ainsi une fréquence normalisée (réduite) Ω, sans dimension défini par:

$$\Omega = {\hbar\omega}/{J_{AA}S_A} \qquad \text{(II.4)}$$

II.3.Dynamique des spins dans les régions de volume

II.3.1.Equations de mouvements

- ***Pour le guide d'ondes parfait gauche (A):***

En utilisant l'équation (I.10), le mouvement de précession des vecteurs de spin sur les sites de coordonnées (*n*, *s*, 0), (*n*, *s*, 1) et (*n*, *s*, 2), situés dans la région de volume du film A sont décrits respectivement par les équations suivantes [20,58]:

$$\omega u_A(n,s,0) = 2\frac{J_{AA}S_A}{\hbar}\{5u_A(n,s,0) - [u_A(n-1,s,0) + u_A(n+1,s,0)] \\ -[u_A(n,s-1,0) + u_A(n,s+1,0)] - [u_A(n,s,1)]\} \qquad \text{(II.5a)}$$

$$\omega u_A(n,s,1) = 2\frac{J_{AA}S_A}{\hbar}\{6u_A(n,s,1) - [u_A(n-1,s,1) + u_A(n+1,s,1)] \\ -[u_A(n,s-1,1) + u_A(n,s+1,1)] - [u_A(n,s,1) + u_A(n,s,2)]\} \qquad \text{(II.5b)}$$

$$\omega u_A(n,s,2) = 2\frac{J_{AA}S_A}{\hbar}\{5u_A(n,s,2) - [u_A(n-1,s,2) + u_A(n+1,s,2)] \\ -[u_A(n,s-1,2) + u_A(n,s+1,2)] + [u_A(n,s,1)]\} \qquad \text{(II.5c)}$$

En utilisant la relation (II.4), les équations de mouvement de précession des vecteurs de spin des sites *(n, s ,0), (n, s, 1) et (n, s, 2)* sont données respectivement comme suit :

$$\Omega\, u_A(n,s,0) = 5\, u_A(n,s,0) - u_A(n-1,s,0) - u_A(n+1,s,0) \\ - u_A(n,s-1,0) - (n,s+1,0) - u_A(n,s,1) \qquad \text{(II.6a)}$$

$$\Omega\, (n,s,1) = 6\, u_A(n,s,1) - u_A(n-1,s,1) - u_A(n+1,s,1) - u_A(n,s-1,1) \\ -u_A(n,s+1,1) - u_A(n,s,0) - u_A(n,s,2) \qquad \text{(II.6b)}$$

$$\Omega\, u_A(n,s,2) = 5\, u_A(n,s,2) - u_A(n-1,s,2) - u_A(n+1,s,2) \\ - u_A(n,s-1,2) - u_A(n,s+1,2) - u_A(n,s,1) \qquad \text{(II.6c)}$$

En faisant intervenir les facteurs de phases le long des axes (ox) et (oy), qui sont donnés respectivement par les relations suivantes [4] :

$$u_A(n \pm 1, s, m) = Z_A^{\mp 1} \cdot u_A(n, s, m) \quad \text{(II.7a)}$$

$$u_A(n, s \pm 1, m) = exp(\pm i\Phi_y) \cdot u_A(n, s, m) \quad \text{(II.7b)}$$

Où $Z_A = exp(iq_x a)$; $\Phi_y = q_y a$ (II.7c)

Les équations (II.6a), (II.6b) et (II.6c) deviennent :

$$\Omega \quad u_A(n, s, 0) = \left\{5 - 2cos\Phi_y - \left(Z_A + \frac{1}{Z_A}\right)\right\} \cdot u_A(n, s, 0) - u_A(n, s, 1)$$

(II.8a)

$$\Omega\, u_A(n, s, 1) = -u_A(n, s, 0) + \left\{6 - 2cos\Phi_y - \left(Z_A - \frac{1}{Z_A}\right)\right\} \cdot u_A(n, s, 1) - u_A(n, s, 2)$$

(II.8b)

$$\Omega \quad u_A(n, s, 2) = -u_A(n, s, 1) + \left\{5 - 2cos\Phi_y - \left(Z_A + \frac{1}{Z_A}\right)\right\} \cdot u_A(n, s, 2)$$

(II.8c)

On peut écrire ces trois équations sous forme matricielle comme suit :

$$[\Omega I - D_{VA}(Z_A, \Phi_y)] \cdot |u_A\rangle = |0\rangle$$

(II.9)

Où : I est une matrice identité (3×3) et D_{VA} la matrice dynamique en volume du film A.

Avec :

$$|u_A\rangle = \begin{bmatrix} u_A(n, s, 0) \\ u_A(n, s, 1) \\ u_A(n, s, 2) \end{bmatrix} \quad ; \quad [D_V] = \begin{bmatrix} e_{A1} & -1 & 0 \\ -1 & e_{A2} & -1 \\ 0 & -1 & e_{A1} \end{bmatrix}$$

et :

$$e_{A1} = 5 - 2cos\Phi_y - \left(Z_A + \frac{1}{Z_A}\right)$$

$$e_{A2} = 6 - 2cos\Phi_y - \left(Z_A - \frac{1}{Z_A}\right)$$

- ***Pour le guide d'ondes parfait droit (B):***

D'une manière analogue au film A, en utilisant l'équation (I.10), le mouvement de précession des vecteurs de spin sur les sites de coordonnées *(n`, s`,0)* , *(n`, s`,1)* et *(n`, s`,2)* situés dans la région de volume du film B, sont décrits respectivement par les équations suivantes :

$$\omega u_B(n`,s`,0) = 2\frac{J_{BB}S_B}{\hbar}\{5u_B(n`,s`,0) - [u_B(n` - 1,s`,0) + u_B(n` + 1,s`,0)] \\ -[u_B(n`,s` - 1,0) + u_B(n`,s` + 1,0)] - [u_B(n`,s`,1)]\} \quad \text{(II.10a)}$$

$$\omega u_B(n`,s`,1) = 2\frac{J_{BB}S_B}{\hbar}\{6u_B(n`,s`,1) - [u_B(n` - 1,s`,1) + u_B(n` + 1,s`,1)] \\ -[u_B(n`,s` - 1,1) + u_B(n`,s` + 1,1)] \\ -[u_B(n`,s`,1) + u_B(n`,s`,2)]\} \quad \text{(II.10b)}$$

$$\omega u_B(n`,s`,2) = 2\frac{J_{BB}S_B}{\hbar}\{5u_B(n`,s`,2) - [u_B(n` - 1,s`,2) + u_B(n` + 1,s`,2)] \\ -[u_B(n`,s` - 1,2) + u_B(n`,s` + 1,2)] - [u_B(n`,s`,1)] \quad \text{(II.10c)}$$

En utilisant les équations (II.2), (II.3) et (II.4), introduites au début de ce chapitre, les équations (II.10a), (II.10b) et (II.10c) deviennent :

$$\Omega\, u_B(n`,s`,0) = \gamma_2 \cdot \gamma \cdot \{5u_B(n`,s`,`0) - u_B(n - 1`,s`,0) - u_B(n` + 1,s`,0) \\ - u_B(n`,s` - 1,0) - u_B(n`,s` + 1,0) - u_B(n`,s`,1)\} \quad \text{(II.11a)}$$

$$\Omega\, u_B(n`,s`,1) = \gamma_2 \cdot \gamma \cdot \{6u_B(n`,s`,1) - u_B(n` - 1,s`,1) - u_B(n` + 1,s`,1) \\ -u_B(n`,s` - 1,1) - u_B(n`,s` + 1,1) \\ -u_B(n`,s`,0) - u_B(n`,s`,2)\} \quad \text{(II.11b)}$$

$$\Omega\, u_B(n`,s`,2) = \gamma_2 \cdot \gamma \cdot \{5u_B(n`,s`,2) - u_B(n` - 1,s`,2) - u_B(n` + 1,s`,2) \\ -u_B(n`,s` - 1,2) - u_B(n`,s` + 1,2) - u_B(n`,s`,1)\} \quad \text{(II.11c)}$$

En faisant intervenir les facteurs de phases le long des axes *(ox)* et (oy), qui sont donnés respectivement par les relations suivantes :

$$u_B(n` \pm 1, s`, m`) = Z_B^{\mp 1} \cdot u_B(n`, s`, m`) \tag{II.12a}$$

$$u_B(n`, s` \pm 1, m`) = exp(\pm i\Phi_y) \cdot u_B(n`, s`, m`) \tag{II.12b}$$

Où

$$Z_B = exp(iq_x a) \quad ; \quad \Phi_y = q_y a \tag{II.12c}$$

On peut écrire ces trois équations sous forme matricielle comme suit :

$$[\Omega I - D_{VB}(Z_B, \Phi_y)] \cdot |u_B\rangle = |0\rangle \tag{II.13}$$

Où : I est une matrice identité (3×3) et D_{VB} représente la matrice dynamique en volume du film B.

avec :

$$|u_B\rangle = \begin{bmatrix} u_B(n`, s`, 0) \\ u_B(n`, s`, 1) \\ u_B(n`, s`, 2) \end{bmatrix} \quad ; \quad [D_{VB}] = \begin{bmatrix} e_{B1} & e_{B3} & 0 \\ e_{B3} & e_{B2} & e_{B3} \\ 0 & e_{B3} & e_{B1} \end{bmatrix}$$

et :

$$e_{B1} = \gamma_2 \cdot \gamma \cdot \left\{5 - 2cos\Phi_y - \left(Z_B + \frac{1}{Z_B}\right)\right\}$$
$$e_{B2} = \gamma_2 \cdot \gamma \cdot \left\{6 - 2cos\Phi_y - \left(Z_B - \frac{1}{Z_B}\right)\right\}$$
$$e_{B3} = \gamma_2 \cdot \gamma$$

II.3.2 Courbes de dispersion

La résolution des équations (II.9) et (II.13) pour Φ_y fixé, donne trois modes propres Ω_v pour le film A et trois modes propres $\Omega_{v'}$ pour le film B, ainsi que leur vecteurs propres u_v et $u_{v'}$ associés. Les courbes de dispersion correspondent aux solutions $|Z_A| = 1$ et $|Z_B| = 1$, sont données en fonction de $\Phi_x = q_x a$, lorsque q_x parcourt la première zone de Brillouin, soit ici$[-\pi, \pi]$.

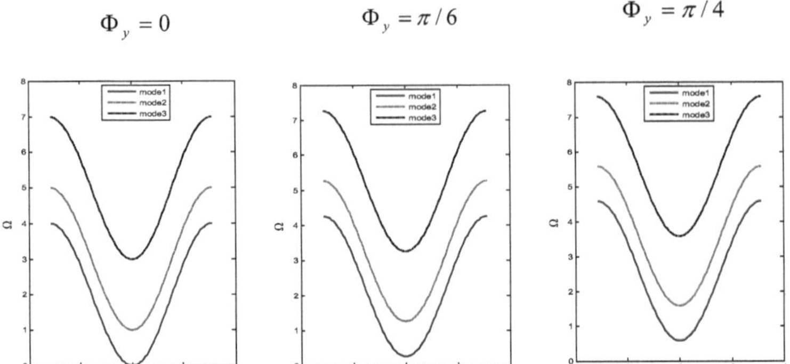

Figure .II.2 Courbes de dispersion des magnons dans les deux guides d'ondes parfaits **{(GDPG)}** et **{(GDPD)}**. Pour les différents valeurs de Φ_y

La figure (II.2) ci-dessus nous montre les courbes de dispersion obtenus pour les deux films A et B respectivement. Ces dernières sont symétriques par rapport au point $\Phi_x = 0$ et que leur dépendance en fonction de Φ_x n'est pas linéaire ce qui signifier que le système est dispersif.

Les branches de dispersion se divisent en deux groupes suivant leurs comportement au voisinage de $\Phi_x = 0$, il y a celles dont l'énergie tend vers zéro sont dites acoustiques, par ailleurs les autres sont dites optiques. Ces résultats obtenus sont conformes aux résultats trouvés dans plusieurs travaux [1,20].

Ainsi la figure (II.2) montre que pour un angle d'incidence $\Phi_y = 0$, le système présente un mode acoustique te deux modes optiques, par contre pour les angles d'incidences $\Phi_y = \frac{\pi}{6}$ et $\Phi_y = \frac{\pi}{4}$, les trois modes sont optiques. L'analyse de l'évolution des courbes de dispersion en fonction de l'angle d'incidence montre que l'intervalle de propagation de ces trois modes dépend considérablement de Φ_y.

II.3.3 Vitesses de groupe

La vitesse de groupe d'une onde de spin est par définition, la vitesse du déplacement du paquet d'onde. Elle correspond à la vitesse à laquelle l'énergie ou l'information est transporté dans le milieu. Elle est définie pour des vecteurs d'ondes $\vec{q}$ réels par l'expression suivante [21, 45, 67,72]:

$$V_g = \frac{\partial \Omega}{\partial q} \qquad soit \qquad \overrightarrow{V_g} = \overrightarrow{grad_q}\Omega(\vec{q}) \qquad (II.14)$$

Dans le cas où $\vec{q}$ est complexe nous imposons à la vitesse de groupe une valeur nulle.

Pour déterminer cette vitesse, deux méthodes différentes peuvent être utilisées : la méthode des différences finies ou la méthode de perturbation [73]. Dans ce travail, nous avons utilisé la deuxième méthode. Elle est basée sur la théorie standard des perturbations utilisée également en mécanique quantique. La forme explicite de la vitesse de groupe donnée par cette méthode est [1,67] :

$$V_g = \frac{\partial \Omega}{\partial q} = -\overrightarrow{u^t} \frac{\partial D_V}{\partial q} \vec{u} \tag{II.13}$$

Où : $\vec{u}$ vecteur propre associé aux différents modes propres obtenus,D_V est la matrice dynamique du guide d'onde parfait.

Dan notre cas on a deux guides d'ondes parfaits, film A (gauche) et le film B (droit) ; les vitesses de groupe pour ces deux derniers sont respectivement :

$$V_{gA} = \frac{\partial \Omega}{\partial q} = -\overrightarrow{u_{At}} \frac{\partial D_{VA}}{\partial q} \overrightarrow{u_A} \tag{II.a16}$$

$$\left[\frac{\partial D_{VA}}{\partial q}\right] = i \begin{bmatrix} Z_A - 1/Z_A & 0 & 0 \\ 0 & Z_A - 1/Z_A & 0 \\ 0 & 0 & Z_A - 1/Z_A \end{bmatrix} \tag{II.b16}$$

De même pour le film B :

$$V_{gB} = \frac{\partial \Omega}{\partial q} = -\overrightarrow{u_{Bt}} \frac{\partial D_{VA}}{\partial q} \overrightarrow{u_B} \tag{II.a17}$$

$$\left[\frac{\partial D_{VB}}{\partial q}\right] = i \begin{bmatrix} Z_B - 1/Z_B & 0 & 0 \\ 0 & Z_B - 1/Z_B & 0 \\ 0 & 0 & Z_B - 1/Z_B \end{bmatrix} \tag{II.b17}$$

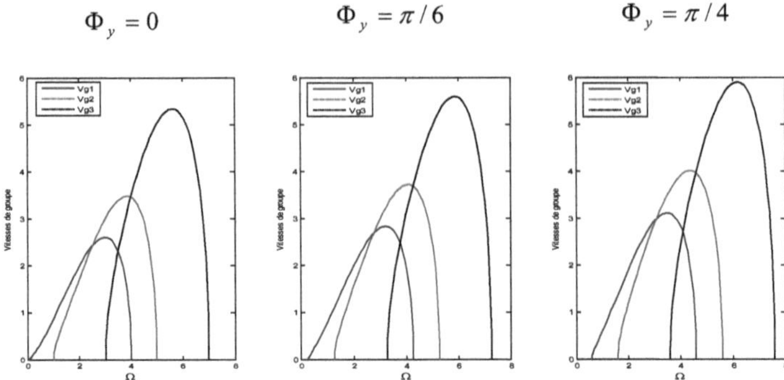

Figure .II.3 : Courbes des vitesses de groupe dans les deux guides d'ondes parfaits **{(GDPG), (GDPD)}**, en fonction de l'énergie de diffusion Ω. Pour les Différentes valeurs de Φ_y.

La figure (II.3), donne l'allure des vitesses de groupe V_g pour les différents modes propres en fonction de la fréquence de diffusion **Ω** dans les deux guides d'ondes parfaits A et B.

Nous constatons que les courbes des vitesses de groupe des différents modes évoluent globalement avec la même allure. Elles montrent aussi des zones où les vitesses de groupe des différents modes se recouvrent, cela signifie que les modes peuvent être excités simultanément dans ces zones.

II.4. Etats localisés au voisinage de l'interface

Le but principal de ce paragraphe est d'étudier les états localisés de magnons induit par la présence de l'interface magnétique. Le calcul se base essentiellement sur la méthode de raccordement, introduite initialement pour l'étude des phénomènes vibrationnels [40,65].

Ensuite, à partir de 1994, la méthode a été appliquée et adaptée par certaines auteures [33] à l'étude des modes de magnons localisés en surface des structures magnétiques.

II.4.1 Matrice dynamique du système perturbé

La matrice dynamique D_P du système perturbé, trouve son origine dans l'écriture des équations du mouvement de précession des vecteurs de spin situés dans la zone de l'interface et de ceux appartenant aux colonnes n=2 et n= -1 figure (II.4). Cette région d'étude est choisie de telle sorte qu'elle comprenne aussi bien les spins de la région de défaut, ainsi que ceux des deux régions de raccordement présentant un environnement du volume.

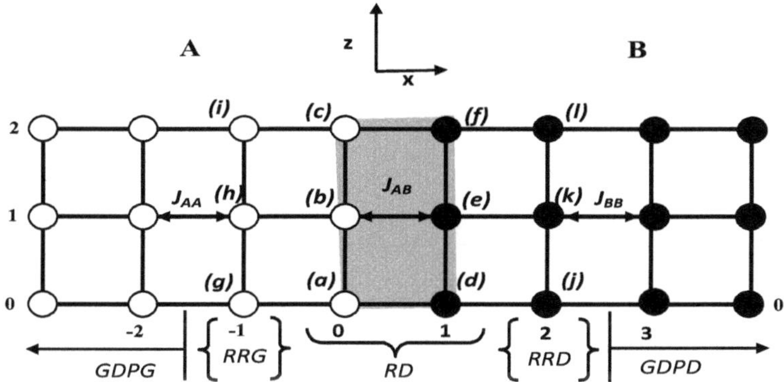

Figure II.4 : Projection sur le plan *(ox, oz)*, d'une interface magnétique couplant deux différents films ferromagnétiques A et B.

En prenant le site *(a)* comme origine des coordonnées, les vecteurs de spin considérés dans la description de la dynamique processionnel du système sont : *a*(0,0,0); *b*(0,0,1); *c*(0,0,2) ; *d*(1,0,0) ; *e*(1,0,1) ; *f*(1,0,2) ;*g*(-1,0,0) ; *h*(1,0,1) ;*i*(1,0,2) ; *j*(2,0,0) ;*k*(2,0,0) et *l*(2,0,2) représenter sur la figure (II.6) ci-dessus .

Les équations du mouvement de précession de ces vecteurs, sont données respectivement comme suit :

$$\left[\Omega - \left\{42cos\Phi_y + \gamma_1\gamma\right\}\right] \cdot u(0,0,0) + u(0,0,1) + \gamma_1 \cdot u(1,0,0) + u(-1,0,0) = 0$$

$$u(0,0,0) + \left[\Omega - \left\{5 - 2cos\Phi_y + \gamma_1\gamma\right\}\right] \cdot u(0,0,1) + u(0,0,2) + \gamma_1 \cdot u(1,0,1) + u(-1,0,1) = 0$$

$$u(0,0,1) + \left[\Omega - \left\{4 + 2cos\Phi_y + \gamma_1\gamma\right\}\right] \cdot u(0,0,2) + \gamma_1 \cdot u(1,0,2) + u(-1,0,2) = 0$$

$$\gamma_1\gamma \cdot u(0,0,0) + \left[\Omega - \gamma_2\gamma \cdot \left\{4 - 2cos\Phi_y\right\} - \gamma_1\right] \cdot u(1,0,0) + \gamma_2\gamma \cdot u(1,0,1) + \gamma_2\gamma \cdot u(2,0,0) = 0$$

$$\gamma_1\gamma \cdot u(0,0,1) + \gamma_2\gamma \cdot u(1,0,0) + \left[\Omega - \gamma_2\gamma \cdot \left\{5 - 2cos\Phi_y\right\} - \gamma_1\right] \cdot u(1,0,1)$$

$$+\gamma_2\gamma\cdot u(1,0,2)+\gamma_2\gamma\cdot u(2,0,1)\ =0$$

$$\gamma_1\gamma\cdot u(0,0,2)\ +\gamma_2\gamma\cdot u(1,0,1)\ +\left[\ \Omega-\gamma_2\gamma\cdot\left\{4\ -2cos\Phi_y\right\}-\gamma_1\right]\cdot u(1,0,2)$$
$$+\gamma_2\gamma\cdot u(2,0,2)=0$$

$$u(0,0,0)\ +\left[\Omega\ -\left\{5\ -2cos\Phi_y\right\}\right]\cdot u(-1,0,0)\ +u(-1,0,1)\ +u(-2,0,0)=0$$

$$u(0,0,1)\ +u(-1,0,0)\ +[\Omega\ -\{6\ -2cos\varphi_y\}]\cdot u(-1,0,1)+u(-1,0,2)$$
$$+u(-2,0,1)=0$$

$$u(0,0,2)\ +u(-1,0,1)\ +\left[\Omega\ -\left\{5\ -\ 2cos\Phi_y\right\}\right]\cdot u(-1,0,2)\ +u(-2,0,2)=0$$

$$\gamma_2\gamma\cdot u(1,0,0)\ +\left[\Omega\ -\gamma_2\gamma\cdot\left\{5\ -2cos\Phi_y\right\}\right]\cdot u(2,0,0)\ \ +\gamma_2\gamma\cdot u(2,0,1)$$
$$+\gamma_2\gamma\cdot u(3,0,0)=0$$
$$\gamma_2\gamma\cdot u(1,0,1)\ +\gamma_2\gamma\cdot u(2,0,0)\ +\left[\Omega\ -\gamma_2\gamma\cdot\left\{6\ -2cos\Phi_y\right\}\right]\cdot u(2,0,1)$$
$$+\gamma_2\gamma\cdot u(2,0,2)\ +\gamma_2\gamma\cdot(3,0,1)=0$$

$$\gamma_2\gamma\cdot u(1,0,2)\ +\gamma_2\gamma\cdot u(2,0,1)\ +\left[\Omega\ -\gamma_2\gamma\cdot\left\{5\ -2cos\Phi_y\right\}\right]\cdot u(2,0,2)$$
$$+\gamma_2\gamma\cdot u(3,0,2)\ =0$$

L'ensemble de ces équations constituent une matrice rectangulaire D_P, contenant plus d'inconnues que d'équations telle que :

$$[D_P]\cdot|u\rangle=|0\rangle \qquad \text{(II.18)}$$

Avec :

$[D_P]$

$$
= \begin{bmatrix}
e_1 & 1 & 0 & e_2 & 0 & 0 & 1 & 0 & 0 & 0 & 0 & 0 & 0 & 0 & 0 & 0 & 0 & 0 \\
1 & e_3 & 1 & 0 & e_2 & 0 & 0 & 1 & 0 & 0 & 0 & 0 & 0 & 0 & 0 & 0 & 0 & 0 \\
0 & 1 & e_1 & 0 & 0 & e_2 & 0 & 0 & 1 & 0 & 0 & 0 & 0 & 0 & 0 & 0 & 0 & 0 \\
e_4 & 0 & 0 & e_5 & e_6 & 0 & 0 & 0 & 0 & e_6 & 0 & 0 & 0 & 0 & 0 & 0 & 0 & 0 \\
0 & e_4 & 0 & e_6 & e_7 & e_6 & 0 & 0 & 0 & 0 & e_6 & 0 & 0 & 0 & 0 & 0 & 0 & 0 \\
0 & 0 & e_4 & 0 & e_6 & e_5 & 0 & 0 & 0 & 0 & 0 & e_6 & 0 & 0 & 0 & 0 & 0 & 0 \\
1 & 0 & 0 & 0 & 0 & 0 & e_8 & 1 & 0 & 0 & 0 & 0 & 1 & 0 & 0 & 0 & 0 & 0 \\
0 & 1 & 0 & 0 & 0 & 0 & 1 & e_9 & 1 & 0 & 0 & 0 & 0 & 1 & 0 & 0 & 0 & 0 \\
0 & 0 & 1 & 0 & 0 & 0 & 0 & 1 & e_8 & 0 & 0 & 0 & 0 & 0 & 1 & 0 & 0 & 0 \\
0 & 0 & 0 & e_6 & 0 & 0 & 0 & 0 & 0 & e_{10} & e_6 & 0 & 0 & 0 & 0 & e_6 & 0 & 0 \\
0 & 0 & 0 & 0 & e_6 & 0 & 0 & 0 & 0 & e_6 & e_{11} & e_6 & 0 & 0 & 0 & 0 & e_6 & 0 \\
0 & 0 & 0 & 0 & 0 & e_6 & 0 & 0 & 0 & 0 & e_6 & e_{10} & 0 & 0 & 0 & 0 & 0 & e_6
\end{bmatrix}
$$

et:

$$
\begin{cases}
e_1 = \Omega - \left\{4 - 2cos\Phi_y + \gamma_1\gamma\right\} \\
e_2 = \gamma_1 \\
e_3 = \Omega - \left\{5 - 2cos\Phi_y + \gamma_1\gamma\right\} \\
e_4 = \gamma_1\gamma \\
e_5 = \Omega - \gamma_2\gamma \cdot \left\{4 - 2cos\Phi_y\right\} - \gamma_1 \\
e_6 = \gamma_2\gamma \\
e_7 = \Omega - \gamma_2\gamma \cdot \left\{5 - 2cos\Phi_y\right\} - \gamma_1 \\
e_8 = \Omega - \left\{5 - 2cos\Phi_y\right\} \\
e_9 = \Omega - \left\{6 - 2cos\Phi_y\right\} \\
e_{10} = \Omega - \gamma_2\gamma \cdot \left\{5 - 2cos\Phi_y\right\} \\
e_{11} = \Omega - \gamma_2\gamma \cdot \left\{6 - 2cos\Phi_y\right\}
\end{cases}
$$

II.4.2 Matrice de raccordement

La matrice dynamique D_P, du système étudié obtenue est rectangulaire, donc non diagonalisable cela fait qu'on ne peut pas déterminer ses valeurs et vecteurs propres. L'objectif principal de cette partie est de résoudre ce problème en utilisant le formalisme de raccordement, qui consiste d'exprimer les amplitudes de précessions des vecteurs de spin appartenant au domaine de l'interface en fonction des champs de précession des modes évanescents des deux guides d'ondes parfaits. Pour cela nous allons représenter les amplitudes de précessions des vecteurs de spin appartenant à la région de raccordement par une combinaison linéaire de vecteur $\{TR\}$, définissant un espace fini.

Dans le cas présent, il y a deux régions de raccordements distinctes, ***(RRG)*** et ***(RRD)***, c'est pour cela que nous allons définir deux bases différentes $\{T\}$ et $\{R\}$, pour chacune des deux régions respectivement. Les dimensions des vecteurs de bases définis sont liés au nombre de modes évanescents obtenus lors de l'étude de la dynamique processionnel des deux zones parfaites. Ainsi $\{T\}$ et $\{R\}$sont de dimension trois (3).

Les amplitudes de précessions des vecteurs de spin situés aux sites de la région ***(RRD)*** peuvent être exprimées de la suivante [74]:

$$u_{A\alpha}(n,s,m)=\sum_{\nu=1}^{3}[Z_A(\nu)]^{-n}\cdot T\cdot p_A(\alpha,\nu) \qquad \text{pour} \quad n<0 \qquad \text{(II.19)}$$

De la même manière, pour les amplitudes de précessions des vecteurs de spin appartenant a la région ***(RRG)***, peuvent être exprimées par :

$$u_{B\alpha}(n,s,m)=\sum_{\nu'=1}^{3}[Z_B(\nu')]^{n}\cdot R\cdot p_B(\alpha,\nu') \qquad \text{pour } n>1 \qquad \text{(II.20)}$$

Où :

α : est l'une des deux directions (ox) ou (oy).

$p(\alpha,v);p(\alpha,v`)$: sont les poids pondérés associés aux différents modes évanescents.

Le vecteur $|u\rangle$, représente les amplitudes des vecteurs de spin appartenant a la zone de défaut, il peut se décomposer en deux parties [20] :

$$|u\rangle=\begin{bmatrix}|irr\rangle\\|rac\rangle\end{bmatrix} \qquad \text{(II.21)}$$

- La partie $|irr\rangle$, est constituée par les amplitudes de précessions des six vecteurs de spin irréductibles formant la région de défaut (partie grise sur la figure (II.6).
- La partie $|rac\rangle$, est formée par les amplitudes de précessions associées aux douze vecteurs de spin raccordés (colonnes $n=-1,-2,2,3$) .

Avec :

$$dim|irr\rangle=(6\times1)$$
$$dim|rac\rangle=(12\times1)$$

On peut décrire le raccordement des spins à l'aide de l'expression suivante :

$$|u\rangle = \begin{bmatrix} |irr\rangle \\ |rac\rangle \end{bmatrix} = \begin{bmatrix} I_d & 0 & 0 \\ 0 & R_1 & 0 \\ 0 & 0 & R_2 \\ 0 & R_3 & 0 \\ 0 & 0 & R_4 \end{bmatrix} \begin{bmatrix} |irr\rangle \\ |R\rangle \\ |T\rangle \end{bmatrix} = [D_R] \begin{bmatrix} |irr\rangle \\ |R\rangle \\ |T\rangle \end{bmatrix} \tag{II.22}$$

Où : I_d est une matrice identité de dimension (6×6).
R_1, R_2, R_3 et R_4, sont des sous matrices carrées de dimensions (3×3). Ces dernières sont exprimées en fonction des facteurs de phases et des poids pondérés associés aux modes comme suit :

$$[R_1] = \begin{bmatrix} Z_A(1)p_A(1,1) & Z_A(2)p_A(1,2) & Z_A(3)p_A(1,3) \\ Z_A(1)p_A(2,1) & Z_A(2)p_A(2,2) & Z_A(3)p_A(2,3) \\ Z_A(1)p_A(3,1) & Z_A(2)p_A(3,2) & Z_A(3)p_A(3,3) \end{bmatrix}$$

$$[R_2] = \begin{bmatrix} Z_B^2(1)p_B(1,1) & Z_B^2(2)p_B(1,2) & Z_B^2(3)p_B(1,3) \\ Z_B^2(1)p_B(2,1) & Z_B^2(2)p_B(2,2) & Z_B^2(3)p_B(2,3) \\ Z_B^2(1)p_B(3,1) & Z_B^2(2)p_B(3,2) & Z_B^2(3)p_B(3,3) \end{bmatrix}$$

$$[R_3] = \begin{bmatrix} Z_A^2(1)p_A(1,1) & Z_A^2(2)p_A(1,2) & Z_A^2(3)p_A(1,3) \\ Z_A^2(1)p_A(2,1) & Z_A^2(2)p_A(2,2) & Z_A^2(3)p_A(2,3) \\ Z_A^2(1)p_A(2,1) & Z_A^2(2)p_A(3,2) & Z_A^2(3)p_A(3,3) \end{bmatrix}$$

$$[R_4] = \begin{bmatrix} Z_B^3(1)p_B(1,1) & Z_B^3(2)p_B(1,2) & Z_B^3(3)p_B(1,3) \\ Z_B^3(1)p_B(2,1) & Z_B^3(2)p_B(2,2) & Z_B^3(3)p_B(2,3) \\ Z_B^3(1)p_B(3,1) & Z_B^3(2)p_B(3,2) & Z_B^3(3)p_B(3,3) \end{bmatrix}$$

D_R , est appelé matrice de raccordement, telle que :

$$[D_R] = \begin{bmatrix} I_d & 0 & 0 \\ 0 & R_1 & 0 \\ 0 & 0 & R_2 \\ 0 & R_3 & 0 \\ 0 & 0 & R_4 \end{bmatrix}$$

Avec :

$$dim[D_R] = (18 \times 12)$$

En utilisant la relation (II.22), on peut réécrire le système (II.18) de la manière suivante :

$$[D_P(12 \times 18)][D_R(18 \times 12)]\begin{bmatrix}|irr\rangle \\ |R\rangle \\ |T\rangle\end{bmatrix} = |0\rangle \qquad \text{(II.23)}$$

Si D_S est le produit matriciel de D_P et D_R , le système précédent devienne

$$[D_S(12 \times 12)]\begin{bmatrix}|irr\rangle \\ |R\rangle \\ |T\rangle\end{bmatrix} = |0\rangle \qquad \text{(II.24)}$$

pour des valeurs de γ_1, γ_2 et γ données, les modes propres de magnons localisés au voisinage de l'interface sont déterminés à partir de la relation de compatibilité suivante :

$$det[D_S(12 \times 12)] = 0 \qquad \text{(II.25)}$$

II.4.3 Résultats et discussion

Le calcul numérique de l'équation (II.25), dans l'espace $[\Omega, \Phi_y]$, montre l'existence de magnons localisés au voisinage de l'interface magnétique, dont les courbes de dispersion sont présentées en pointillés noire sur les figures (II.5 – II.7). Notons que le nombre et les caractéristiques de ces courbes de dispersion varient en fonction des différents paramètres :γ_1,$\gamma_2$et γ.

(a)

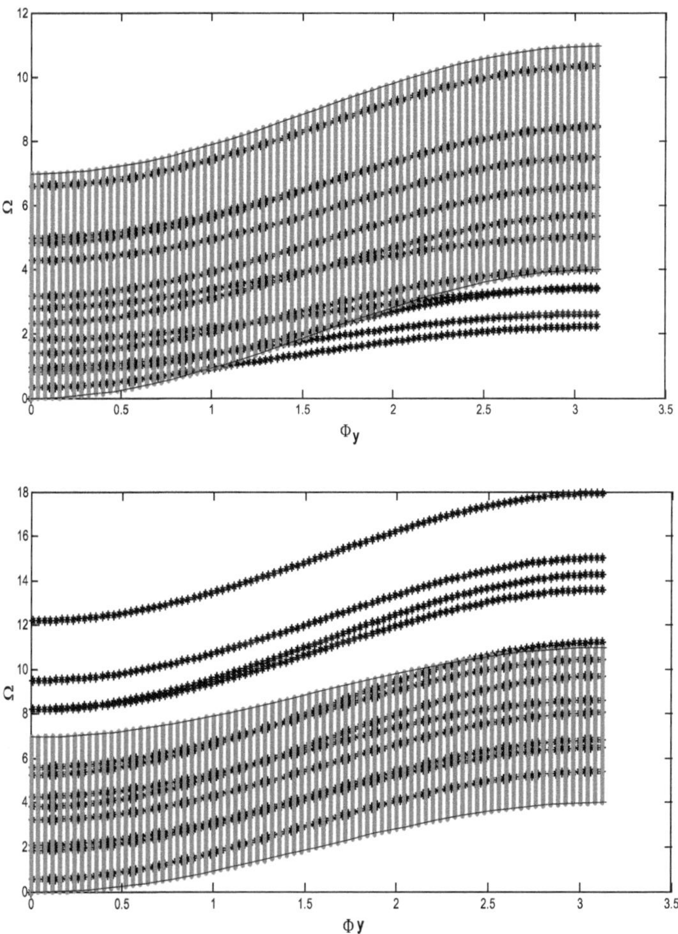

Figure .II.5 : Limites des bandes passantes de magnons de volume dans les deux films A et B (en continue), avec les modes localisés au voisinage de l'interface magnétique (en pointillés), pour les paramètres suivants :
en (a) :$\gamma_1 = 2.55, \gamma_2 = 1., \gamma = 1.60$, en (b). $\gamma_1 = 2.55, \gamma_2 = 1., \gamma = 0.38$.

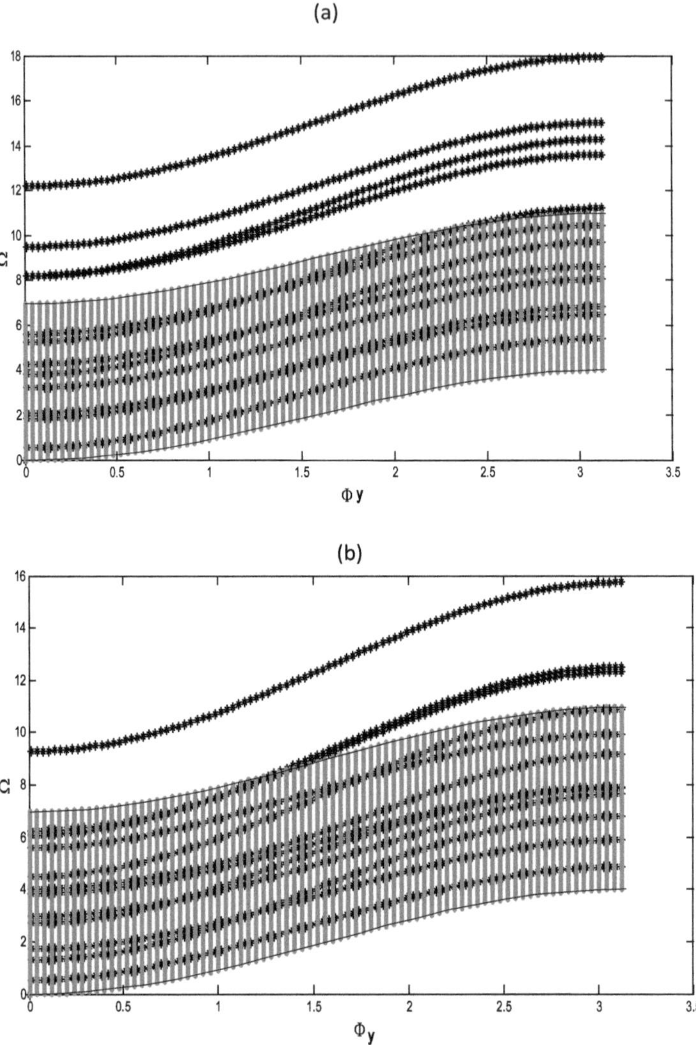

Figure .II.6 : Limites des bandes passantes de magnons de volume dans les deux films A et B (en continue), avec les modes localisés au voisinage de l'interface magnétique (en pointillés), pour les paramètres suivants : en (a) :$\gamma_1 = 2.55,\ \gamma_2 = 1, \gamma = 1.60$, en (b). $\gamma_1 = 0.55, \gamma_2 = 1, \gamma = .160$.

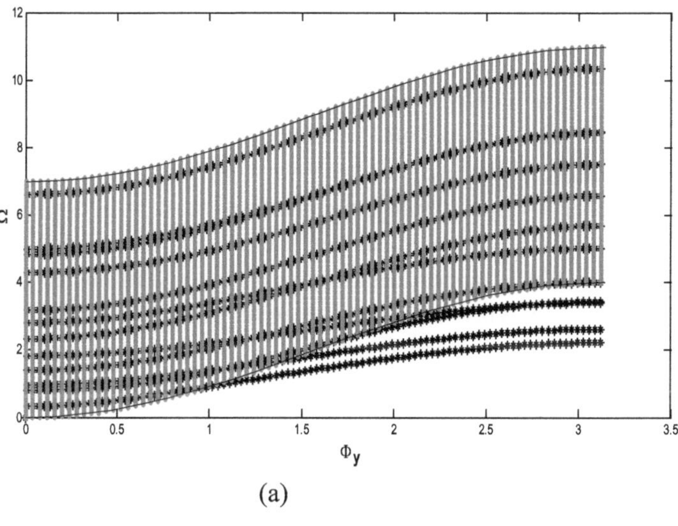

(a)

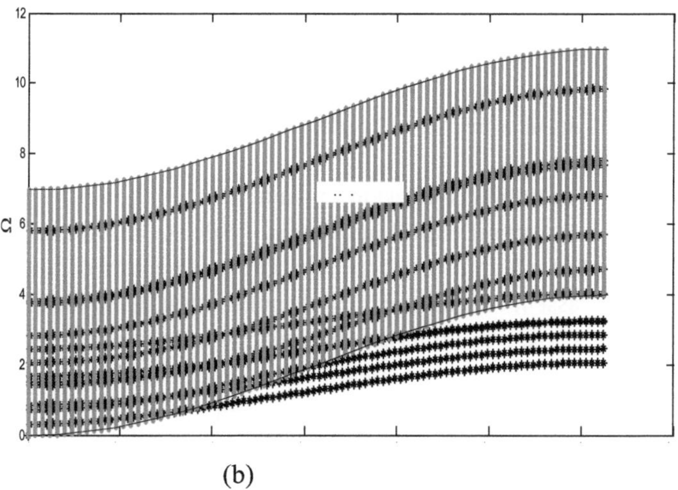

(b)

Figure .II.7 : Limites des bandes passantes de magnons de volume dans les deux films A et B (en continue), avec les modes localisés au voisinage de l'interface magnétique (en pointillés), pour les paramètres suivants :
en (a) : $\gamma_1 = 2.55, \gamma_2 = 1$, $\gamma = 0.38$, en (b). $\gamma_1 = 0.80$, $\gamma_2 = 1, \gamma = 0.38$.

Pour que nous puissions suivre, l'évolution des états de magnons localisés à l'interface magnétique en fonction des différents paramètres du système, on utilise la méthode suivante : on fixe certains paramètres d'entre eux et on fait varier uniquement le paramètre dont on veut voir l'influence.
Pour des valeurs de γ_1 et γ_2 fixées, le paramètre γ varie prend plusieurs valeurs.
On remarque que pour γ = 1.60 il y a Cinq branches au dessus de la bande de volume, tandis que pour γ = 0.38 nous avons des branches au dessous de la bande de volume (figure II.5), en effet le rapport des deux spins γ a une influence sur le type de branches localisées au voisinage de l'interface magnétique. Des calculs numériques ont été fait pour plusieurs valeurs de γ, nous avons révélé que pour des valeurs $\gamma > 1$, nous avons que des modes optiques, par contre pour des valeurs $\gamma < 1$, nous avons que des modes acoustiques. A chaque fois que γ prend des valeurs supérieures à 1 les modes localisés deviennent de plus en plus énergétiques.

Pour voir maintenant l'influence de l'interaction d'échange à l'interface sur les états de magnons localisés, alors cette fois-ci nous avons fixé les paramètres γ_2 et γ et nous avons donné plusieurs valeurs au paramètre γ_1.
Quand on fixe γ à une valeur supérieure à 1, et $\gamma_1 = 2.55$, nous avons Cinq modes au dessus de la bande de volumes, et il est de trois pour $\gamma_1 = 0.55$ (figure II.6). Par contre, quand γ est fixé à une valeur inférieure à 1, soit ici $\gamma = 0.38$, et $\gamma_1 = 2.55$, nous avons cinq modes au dessous de la bande de volume, et il est de quatre pour $\gamma_1 = 0.80$ (figure II.7).
A partir de la nous pouvons tirer la conclusion suivante :
Le paramètre γ_1, qui est le rapport entre l'interaction d'échange à l'interface et celle de volume dans le film A, a une influence considérable sur le nombre de branches des états localisés qui appariassent tel que pour $\gamma > 1$, nous avons un nombre important de modes localisés au voisinage de l'interface magnétique à chaque fois que γ_1 prend des valeurs importantes c'est-à-dire supérieure à 1. Tandis que pour $\gamma < 1$, nous avons un nombre important quand γ_1 prend des valeurs supérieure à 1.

II.5 Densité d'états de magnons

La matrice dynamique D, d'un système joue un rôle important dans la description des états vibrationnels et le mouvement de précession des spins aux voisinages des défauts et en volume. Elle peut être utilisée aussi, pour calculer certaines grandeurs physiques, comme les densités spectrales et la densité d'état *D(Ω)* [21]. Cette dernière grandeur, définie étant la quantité *D(Ω) d Ω* soit le nombre d'états d'énergies compris entre **Ω** et (**Ω**+d**Ω**) [44].

La densité d'états de magnons au voisinage de l'interface magnétique peut être calculée en utilisant un formalisme basé sur les fonctions de Green et la méthode de raccordement [68, 72, 75-76]. En effet, pour calculer cette grandeur, tout d'abord il faut calculer la densité spectrale. Le moyen le plus approprié et direct pour déterminer la densité est l'opérateur de Green. Ainsi en utilisant la méthode de raccordement cet opérateur peut s'écrire comme suit [77,78] :

$$G\left(\Phi_y, \Omega + i\varepsilon\right) = \left[(\Omega + i\varepsilon)I - D_S\left({}_y\Phi, \{Z_A\}, \{z_B\}, \gamma_1, \gamma_2, \gamma\right)\right]^{-1} \qquad \text{(II.26)}$$

La matrice de densité spectrale pour un vecteur d'onde parallèle à l'interface est alors donnée par la relation suivante :

$$\rho_{(\alpha,\beta)}^{(l,l`)}\left(\Phi_y, \Omega\right) = -\frac{1}{\pi}\sum_m u_{\alpha m}^{l} \cdot u_{\beta m}^{l`} \cdot \delta(\Omega - \Omega_m) = -\frac{1}{\pi}\lim_{\varepsilon\to 0^+}\left\{Im\left[G_{\alpha\beta}^{ll`}\left(\Phi_y, \Omega + i\varepsilon\right)\right]\right\} \qquad \text{(II.27)}$$

Où p et $p`$ représentent deux spins différents, α et β sont les différentes directions cartésiennes, et $u_{\alpha m}^{l}$ la composante α du vecteur amplitude de précession du vecteur de spin u, pour la branche d'énergie Ω_m.

La densité d'états qui correspond à la somme sur Φ_y de la trace des matrices de densités spectrales peut alors s'écrire ainsi: [1]

$$D(l, \Omega) = \sum_{\Phi_y} \sum_{l\alpha} \rho_{(\alpha,\alpha)}^{(l,l`)}\left(\Phi_y, \Omega\right) = -\frac{1}{\pi}\sum_{\varphi_y}\sum_{p\alpha} \lim_{\varepsilon\to 0^+}\left\{Im\left[G_{\alpha\alpha}^{ll`}\left(\Phi_y, \Omega + i\varepsilon\right)\right]\right\}$$

(II.28)

II.5.1 Résultats et discussion

Les densités d'états magnoniques (DOS), sont calculées numériquement pour les différents sites de spins, situés dans la zone de défaut, en fonction de la fréquence réduite Ω, dans la première zone de Brillouin.

Les figures (II.8-II.9), donnent les courbes des densités d'états correspondantes aux six spins situés sur les sites (a), (b), (c), (d), (e) et (f) (spins de la zone irréductibles), voir figure (II.4). Le calcul de ces densités d'états a été effectué pour le même type et valeurs de paramètres que celles utilisés pour calculer les états localisées.

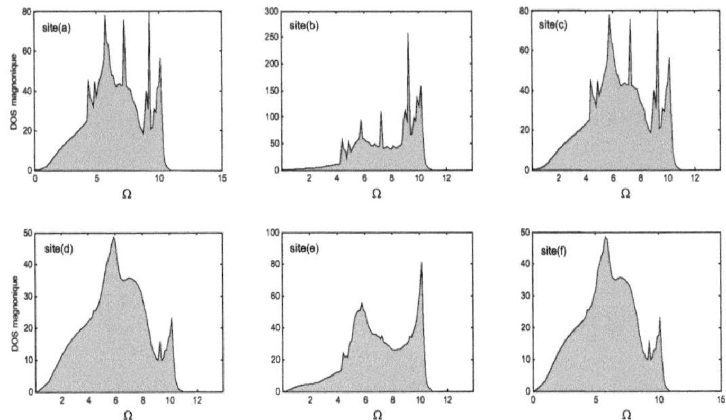

Figure II.8 : Courbes de densité d'état de magnons des spins (a), (b), (c), (d), (e) et (f) pour Le type de paramètres suivants : :$\gamma_1 = 2.55, \gamma_2 = 1, \gamma = 1.60$

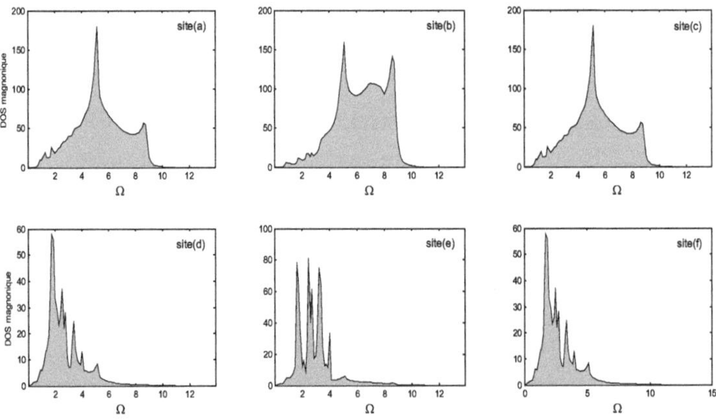

Figure II.9 : Courbes de densité d'état de magnons des spins (a), (b), (c), (d), (e) et (f) pour Le type de paramètres suivants : :$\gamma_1 = 0.80, \gamma_2 = 1, \gamma = 0.38$.

La figure (II.8), présente les densités d'états des spins (a), (b), (c), (d), (e) et (f) pour les différents paramètres du système : $\gamma_1 = 2.55, \gamma_2 = 1$ et $\gamma = 1.60$, pour lesquels on a obtenu cinq branches optiques localisées au voisinage de l'interface magnétique. Sur la figure (II.8), on remarque l'apparition de plusieurs pics d'énergie $\Omega > 4$, et sur cette même gamme d'énergie qu'on a observé les cinq branches optique localisés au voisinage de l'interface magnétique. A partir de cela, on peut dire que les pics observés correspondent aux modes optiques localisés au voisinage de l'interface magnétique. En plus, on voir bien que les courbes de densité d'états des sites (a) et (c) et aussi (d) et (f) ont la même allure, d'où on peut conclure que les deux sites (a) et (c) se trouvent dans le même environnement, et de même pour les deux sites (d) et (f).

La figure (II.9), donne les densités d'états des spins (a), (b), (c), (d), (e) et (f) pour les paramètres suivantes : $\gamma_1 = 0.80$, $\gamma_2 = 1$ et $\gamma = 0.38$,où on a observé quatre branches au dessous de la bande de volume, de basse fréquence, au voisinage de l'interface magnétique. Sur la figure (II.9), on remarque l'apparition de plusieurs pics moins énergétique par rapport aux pics observés dans le cas précédent. Dans ce cas, les pics apparaissent pour des énergies $\Omega < 5$, et sur cette plage d'énergie qu'on a observé, quatre branches acoustiques localisées au voisinage de l'interface magnétique. Cela nous amène à dire que ces pics correspondent aux modes acoustiques localisés au voisinage de l'interface. On remarque aussi sur la figure (II.9) que les courbes des densités d'états des sites (a) et (c), (d) et (f) ont la même allure, d'où chaque deux sites respectivement se trouvent dans le même environnement.

II.6 Etude de la diffusion

L'étude du phénomène de diffusion d'onde de spin, se ramène généralement à la résolution du système d'équations (I.28) du chapitre précèdent.
L'onde de spin ferromagnétique se propage de la droite vers la gauche via une interface magnétique couplant deux différents films A et B.

II.6.1 Coefficients de transmission et de réflexion

La simulation numérique peut être effectuée pour plusieurs valeurs des différents paramètres du système. Les figures (II.10-II.11) représentent les courbes de transmission et de réflexions dans le mode 1, 2 et 3 en fonction de la fréquence normalisée Ω. Notons que ces courbes s'étalent sur le domaine de la plage de propagation et pour les vitesses de groupes non nulles. On remarque aussi que la somme des coefficients de transmission et de réflexion vaut toujours 1, dans chaque des modes, et pour chaque valeurs de Ω, et cela permet le contrôle de nous résultats.

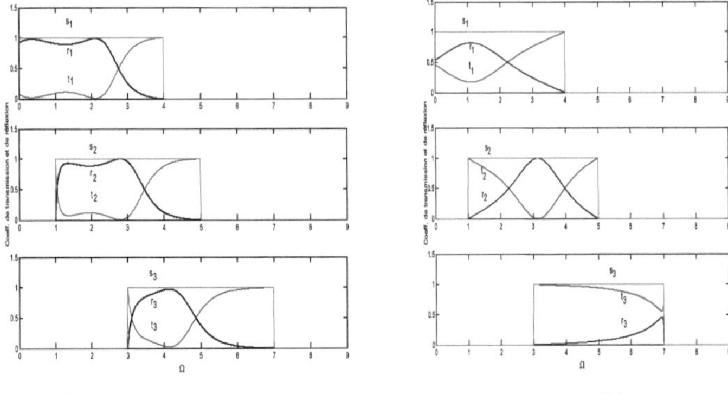

Figure II.10 : Coefficients de transmission et de réflexion de l'interface magnétique en fonction De l'énergie de diffusion Ω, dans le cas $\Phi_y = 0$ et de paramètres, en (a) $\gamma_1 = 0.80$; $\gamma_2 = 1$ et $\gamma = 0.75$, en (b) $\gamma_1 = 2.55$; $\gamma_2 = 1$ et $\gamma = 2.30$.

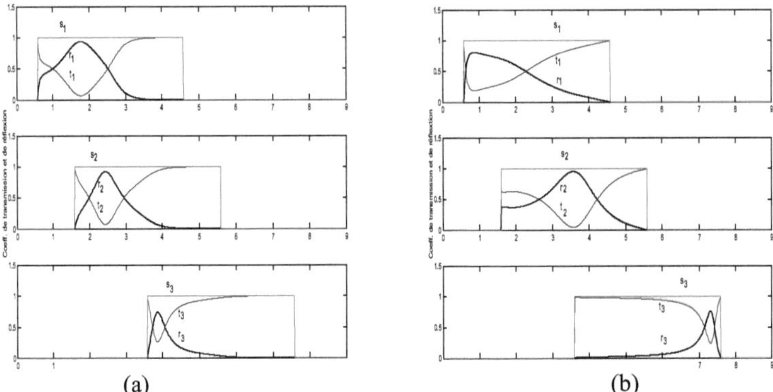

(a) (b)

Figure II.11 : Coefficients de transmission et de réflexion de l'interface magnétique en fonction de l'énergie de diffusion Ω, dans le cas $\Phi_y = \pi/4$ et de paramètres, en (a) $\gamma_1 = 0.86$; $\gamma_2 = 1$ et $\gamma = 0.66$, en (b) $\gamma_1 = 1.90$; $\gamma_2 = 1$ et $\gamma = 2.60$.

Sur la figure (II.10), sont rassemblés les coefficients de transmission et de réflexion, obtenus pour un angle d'incidence $\Phi_y = 0$. Pour les paramètres $\gamma_1 = 0.80$; $\gamma_2 = 1$; $\gamma = 0.75$.,on voit bien que les coefficients de transmission, en trait continu commencent à partir des énergies presque nulles. Mais dans le cas où $\gamma_1 = 2.55$; $\gamma_2 = 1$; $\gamma = 2.30$, la transmission ne débute pas par des valeurs presque nulles.

Dans les deux cas, les coefficients de transmission subissent une croissance, une décroissance, jusque à ce qu'ils s'annulent aux bords de la zone de propagation.
La figure (II.11), montre également les coefficients de transmission et de réflexion obtenus pour un angle d'incidence $\Phi_y = \pi/4$, et dans le cas des paramètres $\gamma_1 = 1.90$; $\gamma_2 = 1$ $\gamma = 2.60$, et $\gamma_1 = 0.86$, $\gamma_2 = 1$, $\gamma = 0.66$. On remarque que les coefficients de transmission ne commencent pas par zéro, en augmentant l'énergie Ω, les coefficients de transmissions décroits puis augmentes à la fin s'annules aux bords de la zone de Brillouin.
A partir de là, on peut dire que les ondes de spins sont capables de franchir l'interface magnétique même à basses énergies. Ces ondes deviennent de plus en plus énergétiques et la transmission augmente, et cela quand $\gamma_1 > 1$ et $\gamma > 1$.
D'autre par la croissance et la décroissance de ces coefficients est due aux interactions des ondes de spin avec les différents modes localisés du système.

II.6.2 Conductance magnonique

La figure (II.12) montre l'allure de la transmission totale, du système perturbé par une interface magnétique en fonction de l'énergie de diffusion Ω pour différents types de paramètres du système étudié. Cette conductance (ou transmitance) $\sigma(\Omega)$ est définie par la somme des coefficients de transmissions sur tous les modes propageant du système parfait [71], et elle est très sensible aux paramètres du système.

les courbes de la conductance $\sigma(\Omega)$ sont obtenus, pour plusieurs valeurs de $\Phi_y = \left\{0, \frac{\pi}{6}, \frac{\pi}{3}, \frac{\pi}{4}\right\}$, dans le cas des paramètres $\gamma_1 = 2.10$, $\gamma_2 = 1$ et $\gamma = 1.60$. Lorsque l'angle incident augmente, nous remarquons le décalage des courbes de la conductance magnonique vers les hautes énergies.

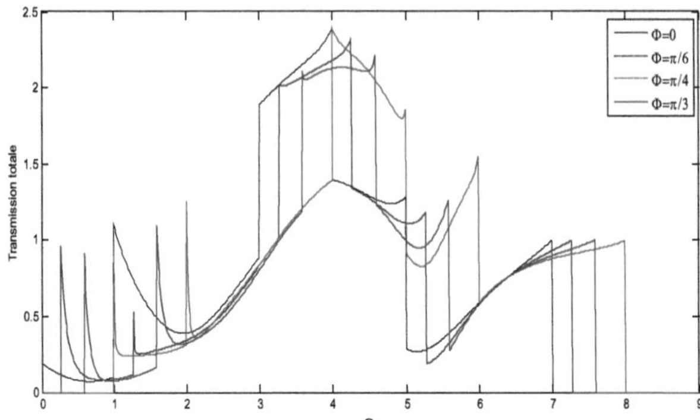

Figure. II.12 : Conductance magnonique en fonction de l'énergie Ω, pour plusieurs angles d'incidence φ_y, pour les paramètres $\gamma_1 = 2.10, \gamma_2 = 1.20$ et $\gamma = 1.60$

Chapitre III

Diffusion d'ondes de spin par deux contre marches ferromagnétiques isolées

III.1 Introduction

Le but principal de ce chapitre est d'étudier le phénomène de diffusion d'ondes de spin dans un système ferromagnétique de basse dimensions contenant un défaut, différent de celui qu'on avait vu au chapitre II. En effet, cette fois ci, le défaut n'est que deux contres marches ferromagnétiques isolées. Ce dernier est obtenu par la juxtaposition d'un réseau à triple plans carrés et d'un réseau plan simple carré. Ces deux réseaux peuvent être formés d'atomes différents ou identiques. On peut distinguer deux systèmes à étudier dans ce chapitre:

- Un système obtenu par la juxtaposition de trois plans et un plan atomiques différents, d'atomes A et B respectivement, la brisure de symétrie et causée, par la présence des deux contre marches (défaut géométrique) et de la différence des atomes (A et B).
- Un système obtenu par la juxtaposition de trois plans et un plan atomiques identiques, la brisure de symétrie et causé seulement par la présence des deux contre marches ferromagnétiques (défaut géométrique).

III.2 Deux contre marches d'atomes différents

III.2.1 présentation du modèle

Le système modèle de basse dimension que nous avons choisi d'étudier dans cette partie, est schématisé sur la figure (III.2.1). Celui-ci est obtenu par la juxtaposition de deux structures ferromagnétiques différentes A et B, formées par trois et un plans atomiques, respectivement. Cela conduit à la présence de deux contres marches de hauteur monoatomique. Cette structure induit une brisure de symétrie de translation dans la direction normale aux deux contre marches.

A chaque atome situé sur un site *p*, nous avons attribué un vecteur de spin noté par $S_p(n, s, m)$, de composantes S_p^x, S_p^y et S_p^z. Les indices (n, s, m), sont des nombres entiers naturels donnant la position d'un vecteur de spin le long des trois directions cartésiennes *x, y* et *z,* respectivement.

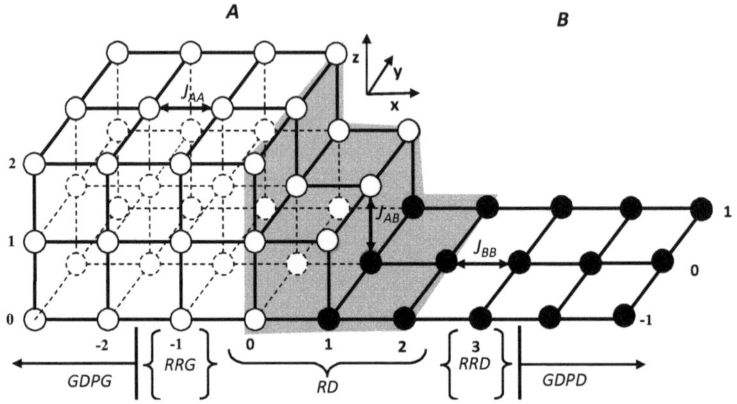

Figure III.2.1: Représentation schématique de deux contre marches magnétiques isolées, obtenues par la juxtaposition de deux structures ferromagnétiques A et B, visualisation des régions: de défaut **(RD)**, de raccordements **{(RRD), RRG)}**, et des deux guides d'ondes parfaits **{(GDPG), (GDPD)}**.

Dans notre étude, nous considérons uniquement les interactions entre premiers proches voisins, tel qu'on peut distinguer deux types d'interactions d'échange. Le premier type est celui de la région volume, noté par ($J_{AA} et\, J_{BB}$), le deuxième est celui de la région de défaut noté pas J_{AB}. Nous avons aussi noté S_A et S_B, les quantums de spin des deux structures ferromagnétiques A et B, respectivement.

III.2.2 Dynamique des spins dans les régions de volume loin de défaut

III.2.2.1 Equations de mouvement

Comme dans le chapitre précédent, pour avoir les équations de mouvement des vecteurs de spin appartenant aux deux régions parfaites {(GOPG); (GPOD)} représentées sur la figure (III.2.1), on utilise l'équation (I.10) du chapitre I. Etant donné que ces deux régions ont des paramètres physiques différents, donc il faut faire une étude à part pour chacune des deux. On obtient alors deux systèmes d'équations correspondants aux deux régions parfaites gauches (A) et droite (B) respectivement, comme suit :

$$\left[\Omega I - D_{VA}\left(Z_A \Phi_y(y)\right)\right] \cdot |u_A\rangle = |0\rangle \tag{III.2.1a}$$

$$\left[\Omega I - D_{VB}\left(Z_B, \Phi_y(y), \gamma_2, \gamma\right)\right] \cdot |u_B\rangle = |0\rangle \tag{III.2.1b}$$

avec:

$$|u_A\rangle = \begin{bmatrix} u_A(n,s,0) \\ u_A(n,s,1) \\ u_A(n,s,2) \end{bmatrix} \qquad \text{et} \qquad [D_{VA}] = \begin{bmatrix} e_{A1} & -1 & 0 \\ -1 & e_{A2} & -1 \\ 0 & -1 & e_{A1} \end{bmatrix}$$

$$|u_B\rangle = [u_B(n',s',0)] \qquad \text{et} \qquad [D_{VB}] = [e_{B1}]$$

où :

$$e_{A1} = \left[5 - 2cos\Phi_y(y) + \left(Z_A + \frac{1}{Z_A}\right)\right]$$

$$e_{A2} = \left[6 - 2cos\Phi_y(y) + \left(Z_A + \frac{1}{Z_A}\right)\right]$$

$$e_{B1} = \gamma_2\gamma\left[4 - 2cos\Phi_y(y) + \left(Z_B + \frac{1}{Z_B}\right)\right]$$

I est une matrice identité, Ω est énergie normalisée donnée par: $\Omega = \frac{\hbar\omega}{2J_{AA}S_B}$.

Z_A et Z_B sont les facteurs de phase suivant la direction des x positifs. $\Phi_y(y) = a \cdot q_A(y)$ et $\Phi_y(y) = a \cdot q_B(y)$ sont les facteurs de phases suivant la direction y, où $q_A(y)$ et $q_B(y)$ sont deux vecteurs d'ondes.

III.2.2.2 Courbes de dispersion

La résolution du problème aux valeurs propres des matrices dynamiques en volume D_{VA} et D_{AB} , pour un angle incident Φ_y fixé, donne trois modes propres Ω_v pour le triple plans et un mode propre $\Omega_{v'}$côté plan simple, ainsi que leurs vecteurs propres correspondants . Pour les valeurs de Φ_x appartenant à la première zone de Brillouin, soit ici l'intervalle$[-\pi,\pi]$, on obtient les relations de dispersion pour les différents modes propres des deux guides d'ondes parfaits.

La figure (III.2.2) ci-dessous montre les courbes de dispersion obtenues pour les deux régions de volume (côté plan simple et côte triple plans), respectivement. Ces dernières sont symétriques par rapport à l'origine, et que leur dépendance en fonction de Φ_y n'est pas linéaire. Les courbes de dispersion correspondant aux modes propageant, peuvent être classées en deux types de modes selon leur comportement au voisinage de $\Phi_x = 0$, il y a celle dont l'énergie tend vers zéro, et les autres non, nous les appellerons respectivement modes acoustiques et modes optiques.

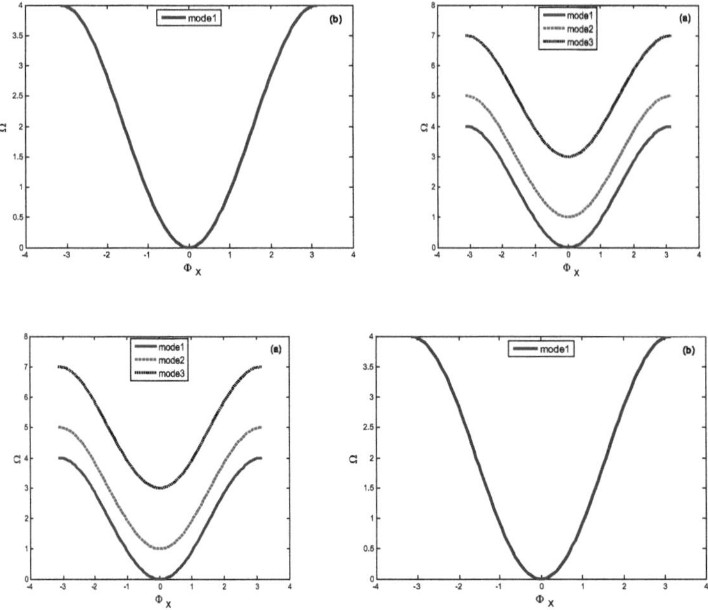

Figure III.2.2: Courbes de dispersion des magnons dans les deux guides d'ondes parfaits loin du défaut. En (a) pour A et en (b) pour B.

III.2.2.3 Vitesses de groupe

Pour le calcul des vitesses de groupe, nous avons utilisé la méthode des perturbations exposée en annexe A.

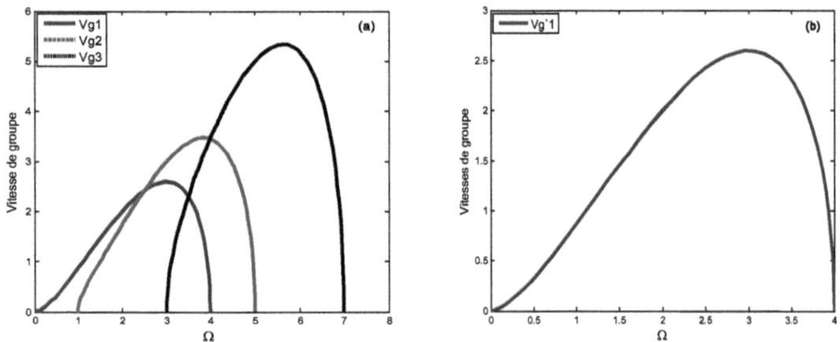

Figure III.2.3 : Courbes des vitesses de groupe des différents modes propres des deux guides d'ondes parfaits A et B, respectivement, en fonction de l'énergie de diffusion Ω.

La figure (III.2.3), donne l'allure des vitesses de groupe V_g pour les différents modes propres en fonction de l'énergie Ω dans les deux guides d'ondes parfaits A et B. Nous constatons sur cette figure, que les courbes des vitesses de groupe des différents modes évoluent globalement avec la même allure. Les courbes de (III.2.3.a), montrent aussi les zones où les vitesses de groupe des trois modes se recouvrent. Cela signifie que les modes peuvent être excités simultanément dans ces intervalles de fréquences.

III.2.3 Etats de magnons localisés au voisinage du défaut

La présence des deux contre marches présentées sur la figure (III.2.1) ; constitue un défaut qui brise la symétrie de translation dans la direction normale à ces deux dernières. Pour calculer les états de magnons localisés au voisinage du défaut magnétique, nous allons utilisés la méthode de raccordement.

III.2.3.1 Matrice dynamique du système perturbé

La matrice dynamique D_P, trouve son origine dans l'écriture des équations de mouvement de précession des six spins situés dans la zone du défaut a(0,0,0) ; b(0,0,1) ; c(1-,0,0) ; d(-1,0,1), e(-1,0,2) et f(1,0,0) de la figure (III.2.4), ainsi que les spins de raccordement, possédant un environnement du guide d'onde parfait.

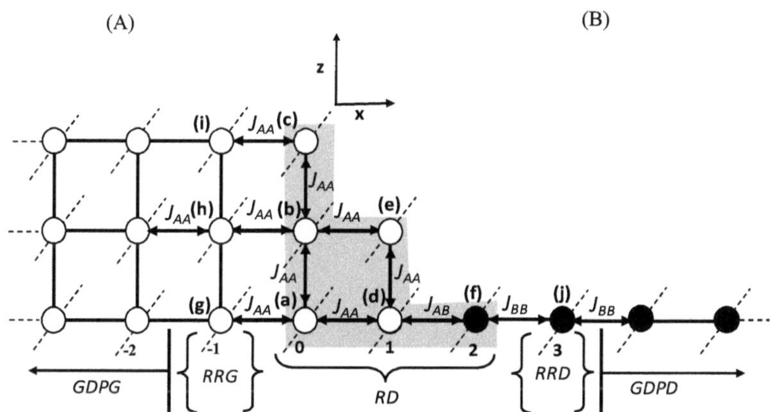

Figure.III.2.4 : Projection à deux dimensions de deux contre marches isolées

La m spins donne une matrice rectangulaire D_P, formée de 10 lignes et 14 colonnes. Contenant plus d'inconnues que d'équations telle que :

$$[D_P] \cdot |u\rangle = |0\rangle \qquad \text{(III.2.2)}$$

Avec :

$$dim[D_P] = 10 \times 14 \quad ; \quad dim|u\rangle = 14 \times 1 \quad \text{et} \quad dim|0\rangle = 10 \times 1$$

où

$|u\rangle$ est vecteur décrivant les amplitudes de précession des vecteurs de spins appartenant à la zone perturbée.

$$D_P = \begin{bmatrix} d_1 & 1 & 1 & 0 & 0 & d_2 & 0 & 0 & 0 & 0 & 0 & 0 & 0 & 0 \\ 1 & d_3 & 0 & 1 & 0 & 0 & 0 & 0 & 0 & 0 & 0 & 0 & 0 & 0 \\ 1 & 0 & d_4 & 1 & 0 & 0 & 1 & 0 & 0 & 0 & 0 & 0 & 0 & 0 \\ 0 & 1 & 1 & d_5 & 1 & 0 & 0 & 1 & 0 & 0 & 0 & 0 & 0 & 0 \\ 0 & 0 & 0 & 1 & d_3 & 0 & 0 & 0 & 1 & 0 & 0 & 0 & 0 & 0 \\ d_6 & 0 & 0 & 0 & 0 & d_7 & 0 & 0 & 0 & d_8 & 0 & 0 & 0 & 0 \\ 0 & 0 & 1 & 0 & 0 & 0 & d_4 & 1 & 0 & 0 & 1 & 0 & 0 & 0 \\ 0 & 0 & 0 & 1 & 0 & 0 & 1 & d_5 & 1 & 0 & 0 & 1 & 0 & 0 \\ 0 & 0 & 0 & 0 & 1 & 0 & 0 & 1 & d_4 & 0 & 0 & 0 & 1 & 0 \\ 0 & 0 & 0 & 0 & 0 & d_8 & 0 & 0 & 0 & d_9 & 0 & 0 & 0 & d_8 \end{bmatrix}$$

et

$$\begin{cases} d_1 = \Omega - \left(4 + \gamma_1 \gamma - 2cos\Phi_y\right) \\ d_2 = \gamma_1 \\ d_3 = \Omega - \left(4 - 2cos\Phi_y\right) \\ d_4 = \Omega - \left(5 - 2cos\Phi_y\right) \\ d_5 = \Omega - \left(6 - 2cos\Phi_y\right) \\ d_6 = \gamma_1 \gamma \\ d_7 = \Omega - \left[\gamma_1 + \gamma_2 \gamma \left(3 - 2cos\Phi_y\right)\right] \\ d_8 = \gamma_2 \gamma \\ d_9 = \Omega - \gamma_2 \gamma \left(4 - 2cos\Phi_y\right) \end{cases}$$

III.2.3.2 Matrice de raccordement

L'objectif de cette partie, dans le cadre de notre modèle, est d'établir les relations de raccordement entre les amplitudes de précession des vecteurs de spin appartenant à la région du défaut et le champ de précession des modes évanescents des deux guides d'ondes parfaits.

Pour cela nous allons représenter les amplitudes de précessions des vecteurs de spin appartenant aux deux régions de raccordement (RRD) et (RRG), par une combinaison linéaire de vecteurs $\{|R\rangle, |T\rangle\}$, définissant les deux demi-espaces gauche et droite du guide d'ondes parfait.

Les amplitudes de précessions des vecteurs de spin appartenant à la région de raccordement droite (RRD), peuvent alors s'écrire de la manière suivante:

$$u_{B\alpha}(n,s,m) = \sum_{v'=1}^{1}[Z_B(v')]^{n} \cdot R \cdot p_B(\alpha, v') \qquad \text{pour } n > 1 \qquad \text{(III.2.3)}$$

De même les amplitudes de précessions des vecteurs de spin apparentant à la région de raccordement gauche (RRG) peuvent être décrites par :

$$u_{A\alpha}(n,s,m) = \sum_{v=1}^{3}[Z_A(v)]^{-n} \cdot T \cdot p_A(\alpha, v) \qquad \text{pour } n < -1 \qquad \text{(III.2.4)}$$

où α, représente une des trois directions cartésiennes et $p(\alpha, v)$ et $p(\alpha, v')$ sont les poids pondérés associés aux différents modes.

Le vecteur $|u\rangle$ décrivant les amplitudes de précession des vecteurs de spin de la zone de défaut (voir figure III.2.1), peut se décomposer en deux parties: la première est $|irr\rangle$, qui est constituée par les amplitudes de précessions des six vecteurs de spins irréductibles formant la région de défaut. La seconde est $|rac\rangle$, est formée par les amplitudes de précessions des vecteurs de spin associés aux 10 sites raccordés, ceci pour les deux bases $|R\rangle$ et $|T\rangle$, ainsi on écrit :

$$|u\rangle = \begin{bmatrix} |irr\rangle \\ |rac\rangle \end{bmatrix} \qquad \text{(III.2.5)}$$

avec :

$$dim|irr\rangle = (6 \times 1) \qquad \text{et} \qquad dim|rac\rangle = (8 \times 1)$$

D'où on peut écrire le raccordement par les expressions suivantes:

$$|u\rangle = \begin{bmatrix} |irr\rangle \\ |rac\rangle \end{bmatrix} = \begin{bmatrix} I_d & 0 & 0 \\ 0 & R_1 & 0 \\ 0 & 0 & R_2 \\ 0 & R_3 & 0 \\ 0 & 0 & R_4 \end{bmatrix} \cdot \begin{bmatrix} |irr\rangle \\ |R\rangle \\ |T\rangle \end{bmatrix} \qquad \text{(III.2.6)}$$

où I_d est une matrice identité de dimension(6×6), et R_1,R_2 ,R_3 et R_4 sont des sous matrices, elles sont données par :

$$[R_1] = [Z_B^2(1)p_B(1,1)]$$

$$[R_2] = \begin{bmatrix} Z_A^2(1)p_A(1,1) & Z_A^2(2)p_A(1,2) & Z_A^2(3)p_A(1,3) \\ Z_A^2(1)p_A(2,1) & Z_A^2(2)p_A(2,2) & Z_A^2(3)p_A(2,3) \\ Z_A^2(1)p_A(3,1) & Z_A^2(3)p_A(3,2) & Z_A^2(3)p_A(3,3) \end{bmatrix}$$

$$[R_3] = [Z_B^3(1)p_A(1,1)]$$

$$[R_4] = \begin{bmatrix} Z_A^3(1)p_A(1,1) & Z_A^3(2)p_A(1,2) & Z_A^3(3)p_A(1,3) \\ Z_A^3(1)p_A(2,1) & Z_A^3(2)p_A(2,2) & Z_A^3(3)p_A(2,3) \\ Z_A^3(1)p_A(3,1) & Z_A^3(3)p_A(3,2) & Z_A^3(3)p_A(3,3) \end{bmatrix}$$

En posant $[D_R] = \begin{bmatrix} I_d & 0 & 0 \\ 0 & R_1 & 0 \\ 0 & 0 & R_2 \\ 0 & R_3 & 0 \\ 0 & 0 & R_4 \end{bmatrix}$, le système d'équation (III.2.6) peut s'exprimer à l'aide de la matrice de raccordement D_R comme suit :

$$|u\rangle = \begin{bmatrix} |irr\rangle \\ |rac\rangle \end{bmatrix} = \begin{bmatrix} I_d & 0 & 0 \\ 0 & R_1 & 0 \\ 0 & 0 & R_2 \\ 0 & R_3 & 0 \\ 0 & 0 & R_4 \end{bmatrix} \cdot \begin{bmatrix} |irr\rangle \\ |R\rangle \\ |T\rangle \end{bmatrix} = [D_R] \begin{bmatrix} |irr\rangle \\ |R\rangle \\ |T\rangle \end{bmatrix} \qquad \text{(III.2.7)}$$

avec :

$$dim[D_R] = (14 \times 10)$$

En utilisant la relation (III.2.7), on peut réécrire le système d'équations (III.2.1) de la manière suivante :

$$[D_P(10 \times 14)][D_R(14 \times 10)] \begin{bmatrix} |irr\rangle \\ |R\rangle \\ |T\rangle \end{bmatrix} = |0\rangle \qquad \text{(III.2.8)}$$

Si la matrice D_S est le produit matriciel de D_P et D_R, le système précèdent peut être réécrit comme suit:

$$[D_S(10\times 10)]\begin{bmatrix}|irr\rangle\\ |R\rangle\\ |T\rangle\end{bmatrix}=|0\rangle \qquad \text{(III.2.9)}$$

III.2.3.3 Résultats et discussion

La résolution des systèmes d'équations (III.2.1.a), et (III.2.1.b), permet de déterminer pour les deux demi-espaces A et B, les régions de l'espace $\{$Erreur ! Signet non défini. $\Omega,\Phi_y\}$ correspondantes à des modes propageant du système parfait représentés par les deux surfaces continues. Les traits continus représentés sur les figures (III.2.5.1), (III.2.5.2) et (III.2.5.3), correspondent aux limites (A_1,A_2) et (B_1,B_2) des bandes passantes des magnons de volume dans les deux matériaux A et B respectivement. Nous constatons sur ces figures, une partie de la bande passante de A est recouverte par celle de B.

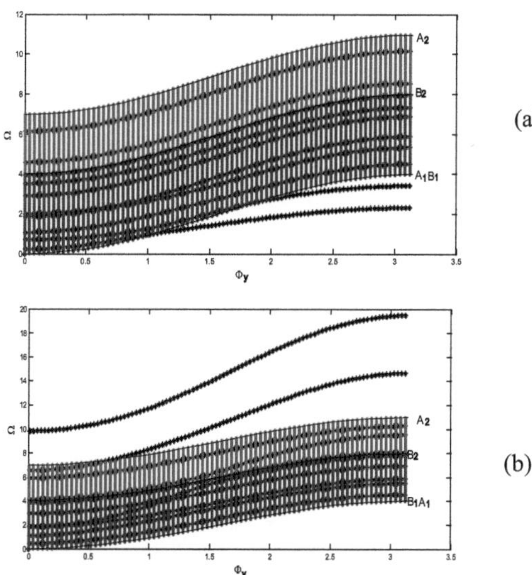

Figure III.2.5.1 : Limites des bandes passantes de magnons de volume dans les deux films A et B (en continues), avec les modes localisés au voisinage de l'interface magnétique (en pointillés), pour les paramètres suivants :
en (a) :$\gamma_1 = 1.80, \gamma_2 = 1, \gamma = 2.75$, en (b). $\gamma_1 = 1.80, \gamma_2 = 1, \gamma = 0.40$.

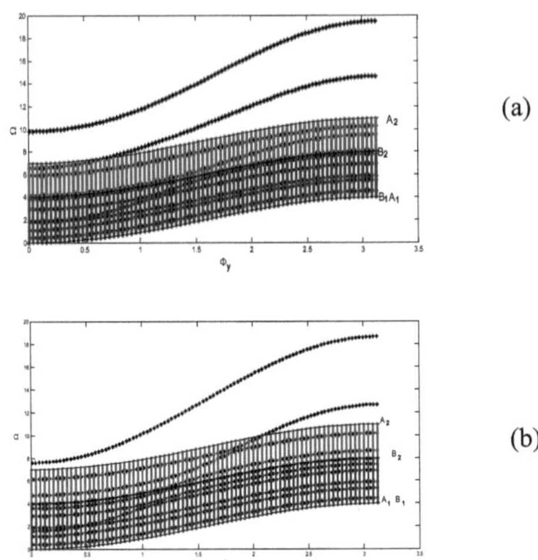

Figure III.2.5.2 : Limites des bandes passantes de magnons de volume dans les deux films A et B (en continues), avec les modes localisés au voisinage de l'interface magnétique (en pointillés), pour les paramètres suivants :
en (a) :$\gamma_1 = 1.80, \gamma_2 = 1, \gamma = 2.75$, en (b). $\gamma_1 = 0.57, \gamma_2 = 1, \gamma = 2.75$.

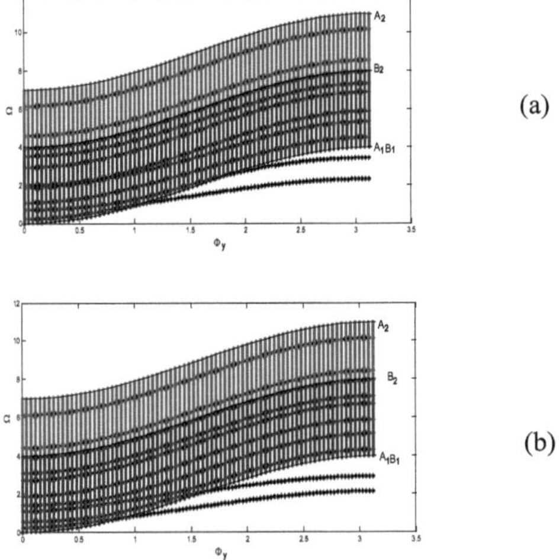

Figure III.2.5.3: Limites des bandes passantes de magnons de volume dans les deux films A et B (en continues), avec les modes localisés au voisinage de l'interface magnétique (en pointillés), pour les paramètres suivants :
en (a) :$\gamma_1 = 1.80, \gamma_2 = 1, \gamma = 0.40$, en (b). $\gamma_1 = 0.65, \gamma_2 = 1, \gamma = 0.40$.

La résolution numérique de l'équation (III.2.9) dans l'espace $\left\{\text{Erreur ! Signet non défini. } \Omega, \Phi_y\right\}$, montre l'existence des magnons localisés au voisinage du défaut magnétique. Notons que le nombre et la nature de ces branches dépendent fortement des paramètres γ et γ_1. Nous remarquons sur ces figures, que le nombre de branches localisées qui apparaissent dans ce cas est moins important que dans le cas de l'interface (chapitre précédent).

Pour qu'on puisse voir l'effet des différents paramètres (γ_1 et γ) du système sur les états de magnons localisés au voisinage du défaut magnétique, on va appliquer la même procédure que celle du chapitre précédent.

Sur la figure (III.2.5.1), on remarque que pour des valeurs de $\gamma_1$et γ fixées, tel que $\gamma_1 = 1.80$ et $\gamma_2 = 1$, et γ prend une valeur 2.75 supérieur à 1, il y a apparition de deux branches optiques tandis que pour une valeur de γ égale à 0.40 inférieur à 1, il y a apparition de deux branches acoustiques. Ce la nous amène à dire que le rapport des spins γ, influence sur le type de modes localisés qui apparaissent au voisinage du défaut magnétique, tel que pour $\gamma < 1$, on a que des branches acoustiques et pour $\gamma > 1$, on a que des branches optiques.

Les figures (III.2.5.2) et (III.2.5.3), présentent les branches de magnons localisées aux voisinages des deux contre marches magnétiques, obtenues pour des valeurs de γ_2 et γ fixées, lorsque γ_1 prend des valeurs supérieur à 1 (1.80) et inférieur à 1 (0.65 et 0.57). Nous constatons que le nombre de branches augmente ou diminue selon le γ_1, qui représente le rapport entre l'interaction d'échange au voisinage de la zone perturbé (J_{AB}) et celle de la zone parfaite du film A (J_{AA}) inférieur au supérieur à 1. A partir de la nous pouvons dire que le nombre de branche de magnons localisées varie avec γ_1.

III.2.4 Densités d'états de magnons

Pour déterminer les densités d'états magnoniques (DOS), nous avons adapté une méthode basée essentiellement sur les fonctions de Green et la méthode de raccordement (voir les équations II.27 et II.28).

III.2.4.1 Résultats et discussion

Les figures (III.2.6.1) et (III.2.6.2), donnent les courbes des densités d'états de magnons des spins situés aux sites (a), (b), (c), (d), (e) et (f) formant la région de défaut, en fonction de l'énergie réduite Ω. Le calcul numérique a été effectué pour différents valeurs des paramètres du système ($\gamma_1, \gamma_2 et\ \gamma$). Ces figures montrent la présence des pics, mais leurs nombre est moins important que dans le cas de l'interface magnétique. Cela est acceptable car le nombre de branches qui apparaissent au voisinage des deux contre marches est moins important que celles obtenues dans le cas de l'interface magnétique.

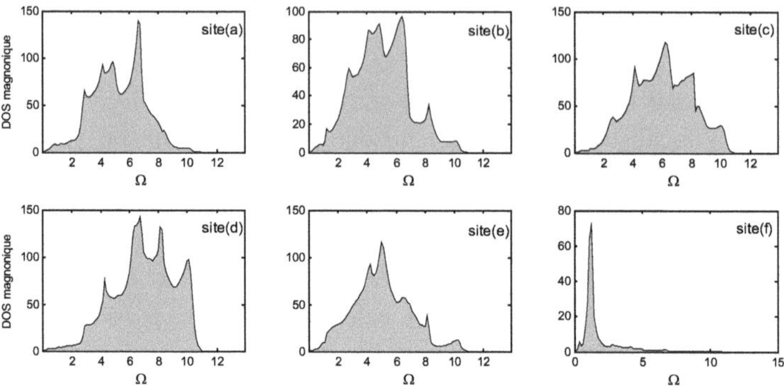

Figure III.2.6.1: Courbes de densités d'états de magnons des spins (a), (b), (c), (d), (e) et (f) pour le type de paramètres suivants : :$\gamma_1 = 0.65, \gamma_2 = 1, \gamma = 0.40$.

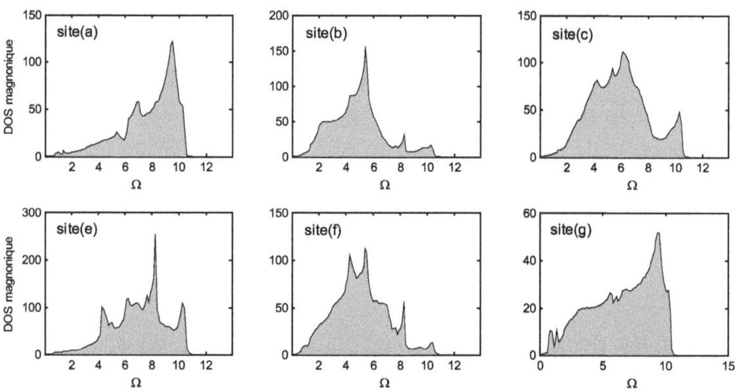

Figure III.A.6.2: Courbes de densités d'états de magnons des spins (a), (b), (c), (d), (e) et (f) pour le type de paramètres suivants : :$\gamma_1 = 1.80, \gamma_2 = 1, \gamma = 2.75$.

La figure (III.A.6.1), présente les densités d'états des six spins appartenant à la région de défaut, pour les paramètres $\gamma_1 = 0.65, \gamma_2 = 1\ et\ \gamma = 0.40$. On remarque sur cette figure l'apparition des pics dans les régions de basse énergie, ces pics observés dans cette zone peuvent être associés aux branches acoustiques qui apparaissent au voisinage des deux contre marches magnétiques, obtenues pour les mêmes valeurs, 0.65, 0.70 et 0.40 des différents paramètres $\gamma_1, \gamma_2 et\ \gamma$ respectivement.

Sur la figure (III.A.6.2), nous avons tracé les densités d'états magnoniques (DOS), des six sites irréductibles, pour les paramètres $\gamma_1 = 1.80, \gamma_2 = 1\ et\ \gamma = 2.75$. On enregistre la présence des pics pour des énergies $\Omega > 5$, pour lesquelles on a observé les branches acoustiques. Ce qui nous amène à dire que ces pics correspondent aux branches acoustiques au voisinage des deux contre marches magnétiques, puisqu'ils apparaissent dans une même gamme d'énergie Ω et cela pour le même type de paramètres.

III.2.5 Etude de la diffusion

III.2.5.1 Coefficients de transmission et de réflexion

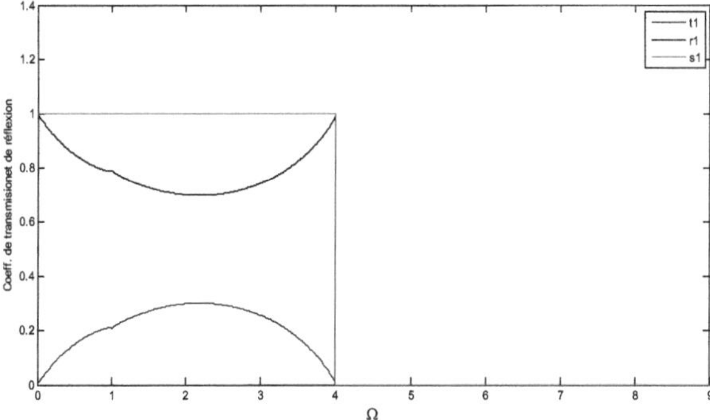

Figure III.2.7.1 : Coefficients de transmission et de réflexion de l'interface magnétique en fonction de l'énergie de diffusion Ω, dans le cas $\Phi_y = 0$ et de paramètres; $\gamma_1 = 2,\ \gamma_2 = 1$ et $\gamma = 0.50$.

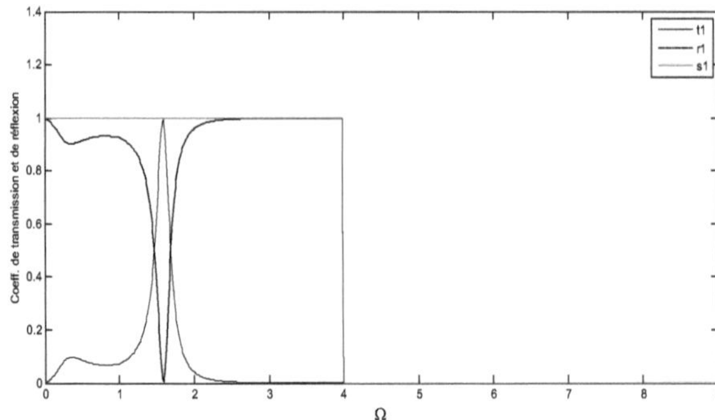

Figure III.2.7.2 : Coefficients de transmission et de réflexion de l'interface magnétique en fonction de l'énergie de diffusion Ω, dans le cas $\Phi_v = 0$ et de paramètres;

Les figures (III.2.7.1) et (III.2.7.2), montrent l'allure des coefficients de transmission et de réflexion en fonction de l'énergie de diffusion Ω, obtenues pour les différents paramètres du système. La transmission et la réflexion vérifie la condition d'unitarité.

Sur la figure (III.2.7.1), sont rassemblés les coefficients de transmission et de réflexion pour $\gamma_1 = 2, \gamma_2 = 1, \gamma = 0.50 \; et \; \Phi_y = 0$. On observe que le coefficient de transmission commence à des valeurs presque nulles et augmente, puis diminue pour s'annuler aux bords de la zone de propagation.

La figure (III.2.7.2), montre également l'évolution de coefficient de transmission en foncions de l'énergie Ω, dans le cas des valeurs $\gamma_1 = 0.75, \gamma_2 = 1, \gamma = 0.28 \; et \; \Phi_y = 0$. On remarque sur cette figure la présence d'un pic de type Fano

III.2.5.2 Conductance magnonique

La figure (III.2.8), montre l'allure de la courbe de la conductance magnonique en fonction de l'énergie Ω, dans les cas des paramètres $\gamma_1 = 0.75, \gamma_2 = 1, \gamma = 0.28 \; et \; \varphi_y = 0$.On enregistre sur la figure un pic de type Fano.

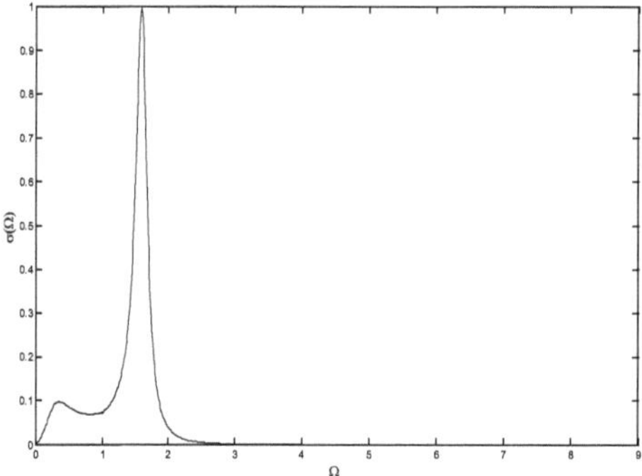

Figure III.2.8 : Conductance magnonique en fonction de l'énergie Ω, pour l' angle d'incidence $\Phi_v = 0$, et pour les paramètres $\gamma_1 = 0.75, \gamma_2 = 1$ et $\gamma = 0.28$.

III.3. Deux contre marches d'atomes identiques

III.3.1 Présentation du modèle

On modélise le système que nous avons choisi d'étudier à l'aide d'une structure cubique simple à savoir un triple réseau plan carré semi-infini juxtaposé avec un plan semi-infini, comme le montre la figure (III.3.1), où on observe la présence de deux contre marches de hauteur monoatomique. Cette structure simplifiée présente une brisure de symétrie normale à la direction des deux contre marche.

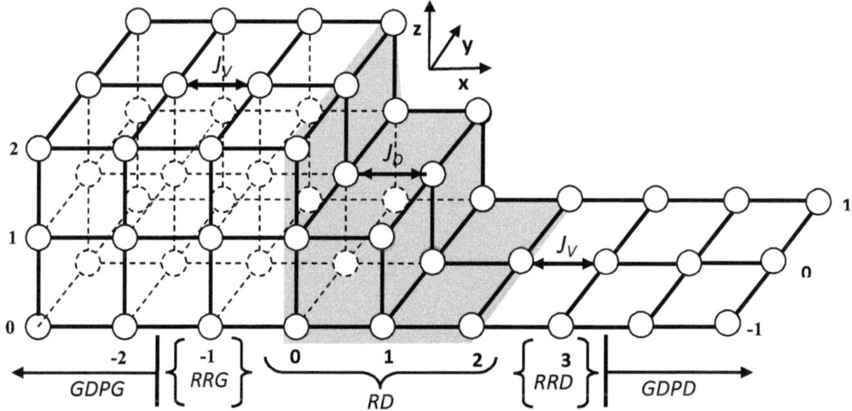

Figure III.3.1 : Représentation schématique de deux contres marches magnétiques isolées visualisation des régions : de défaut **(RD)**, de raccordement **{(RRD), (RRG)}**, et des deux guides d'ondes parfaits **{(GDPG), (GDPD)}**.

voisins, cette intégrale est supposée perturbée par la présence de ces deux contre marches, alors nous avons introduit le paramètre suivant :

$$J_R = J_D/J_V \qquad \text{(III.3.1)}$$

Où :

- J_V : interaction d'échange entre les spins appartenant au système parfait.
- J_D : interaction d'échange entre les spins appartenant au domaine perturbé.

Nous avons aussi noté les quantums de spins par S, ainsi qu'une énergie normalisée Ω donnée par :

$$\Omega = \frac{\hbar\omega}{2J_V S} \qquad \text{(III.3.2)}$$

L'étude dynamique dans le volume triple plans et un plan simple a été fait dans la première partie de ce chapitre.

III.3.2 Etats de magnons localisés au voisinage du défaut

L'objectif principal de ce paragraphe et de calculer les états de magnons localisés au voisinage du défaut magnétique présenté sur la figure (III.3.1), pour cela nous avons utilisé la méthode de raccordement.

III.3.2.1 Matrice de défautL'écriture des équations de mouvement de précession des vecteurs des sites (a), (b), (c), (d), (e) et (f) situés dans la zone irréductible; et de ceux appartenant aux deux zones de raccordements gauches et droite (les sites (g), (h), (i) et(j)) figure (III.3.2), permet d'avoir un système d'équations, données par la relation ci-dessous (III.3.3).

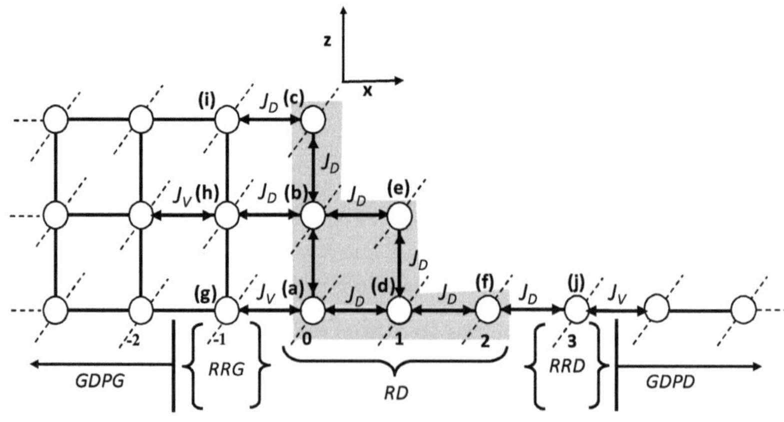

Figure III.3.2 : Projection à deux dimensions de deux contre marches isolées.

$$[\Omega I - D_P] \cdot |u\rangle = |0\rangle \qquad \text{(III.3.3)}$$

Avec :

$$dim[D_P] = 10 \times 14 \quad \text{et} \quad dim|u\rangle = 14 \times 1$$

$$dim[I] = 10 \times 14 \quad \text{et} \quad dim|0\rangle = 10 \times 1$$

La quantité $|u\rangle$ dans l'équation (III.3.3), représente un vecteur décrivant toutes les amplitudes de précession des vecteurs de spin appartenant à la zone perturbée. D_P est la matrice dynamique du système, cette dernière est donnée ci-dessous comme suit :

$$[D_P] = \begin{bmatrix} e_1 & J_R & 0 & J_R & 0 & 0 & J_R & 0 & 0 & 0 & 0 & 0 & 0 & 0 \\ J_R & e_2 & J_R & 0 & J_R & 0 & 0 & J_R & 0 & 0 & 0 & 0 & 0 & 0 \\ 0 & J_R & e_3 & 0 & 0 & 0 & 0 & 0 & J_R & 0 & 0 & 0 & 0 & 0 \\ J_R & 0 & 0 & e_1 & J_R & J_R & 0 & 0 & 0 & 0 & 0 & 0 & 0 & 0 \\ 0 & J_R & 0 & J_R & e_3 & 0 & 0 & 0 & 0 & 0 & 0 & 0 & 0 & 0 \\ 0 & 0 & 0 & J_R & 0 & e_3 & 0 & 0 & 0 & J_R & 0 & 0 & 0 & 0 \\ J_R & 0 & 0 & 0 & 0 & 0 & e_4 & 1 & 0 & 0 & 1 & 0 & 0 & 0 \\ 0 & J_R & 0 & 0 & 0 & 0 & 1 & e_5 & 1 & 0 & 0 & 1 & 0 & 0 \\ 0 & 0 & J_R & 0 & 0 & 0 & 0 & 1 & e_4 & 0 & 0 & 0 & 1 & 0 \\ 0 & 0 & 0 & 0 & 0 & J_R & 0 & 0 & 0 & e_6 & 0 & 0 & 0 & 1 \end{bmatrix}$$

où :

$$\begin{cases} e_1 = \Omega - J_R\left\{5 - 2cos\Phi_y\right\} \\ e_2 = \Omega - J_R\left\{6 - 2cos\Phi_y\right\} \\ e_3 = \Omega - J_R\left\{4 - 2cos\Phi_y\right\} \\ e_4 = \Omega - 4 - 2cos\Phi_y - J_R \\ e_5 = \Omega - 5 - 2cos\Phi_y - J_R \\ e_6 = \Omega - 3 - 2cos - J_R \end{cases}$$

III.3.2.2 Matrice de raccordement

L'objectif de cette partie, dans le cadre de notre modèle, est d'établir les relations de raccordement entre les amplitudes de précession des vecteurs de spin appartenant à la région du défaut et le champ de précession des modes évanescents des deux guides d'ondes parfaits. Pour cela nous exprimerons les amplitudes de précessions des vecteurs de spin appartenant aux deux régions de raccordement (RRD) et(RRG), par une combinaison linéaire de vecteurs $\{|R\rangle, |T\rangle\}$, définissant les deux demi-espaces gauche et droite du guide d'onde parfait.

Les amplitudes de précessions des vecteurs de spin appartenant à la région de raccordement gauche, peuvent alors s'écrire de la manière suivante :

$$u_{\alpha}(n,s,m) = \sum_{\nu=1}^{3}[Z(\nu)]^{-1} \cdot T \cdot p(\alpha,\nu) \text{ pour } \quad n < 0 \qquad \text{(III.3.4)}$$

De même les amplitudes de précessions des vecteurs de spin apparentant à la région de raccordement droite peuvent être décrite par :

$$u`_{\alpha}(n,s,m) = \sum_{\nu'=1}^{1}[Z'(\nu')]^{n} \cdot R \cdot p`(\alpha,v`) \text{ pour } n > 2 \qquad \text{(III.3.5)}$$

où α, représente une des directions cartésiennes et $p(\alpha,v), p`(\alpha,v`)$ sont les poids pondérés associés aux différents modes évanescents.

Le vecteur $|u\rangle$ des amplitudes de précessions des vecteurs de spin appartenant à la zone de défaut sur la figure (III.3.2), peut se décomposer en deux parties: la première est la partie irréductible notée par $|irr\rangle$, elle est constituée par les amplitudes de précessions des six vecteurs de spin des sites irréductibles formant la région de défaut. La seconde est la partie de raccordement noté par $|rac\rangle$, elle est formée par les amplitudes de précessions associées aux huit vecteurs de spins raccordés, ceci pour les deux bases $|R\rangle$ et $|T\rangle$, ainsi en écrit :

$$|u\rangle = \begin{bmatrix} |irr\rangle \\ |rac\rangle \end{bmatrix} \qquad \text{(III.3.6)}$$

avec :

$$dim|irr\rangle = (6 \times 1) \qquad \text{et} \qquad dim|rac\rangle = (8 \times 1)$$

D'où on peut écrire le raccordement par les expressions suivantes :

$$|u\rangle = \begin{bmatrix} |irr\rangle \\ |rac\rangle \end{bmatrix} = \begin{bmatrix} I_d & 0 & 0 \\ 0 & R_1 & 0 \\ 0 & 0 & R_2 \\ 0 & R_3 & 0 \\ 0 & 0 & R_4 \end{bmatrix} \cdot \begin{bmatrix} |irr\rangle \\ |R\rangle \\ |T\rangle \end{bmatrix} \quad \text{(III.3.7)}$$

où I_d est une matrice identité de dimension (6×6), et R_1,R_2,R_3 et R_4 sont des sous matrices, elles sont données par :

$$[R_1] = \begin{bmatrix} Z(1)P(1,1) & Z(2)P(1,2) & Z(3)P(1,3) \\ Z(1)P(2,1) & Z(2)P(2,2) & Z(3)P(2,3) \\ Z(1)P(3,1) & Z(3)P(3,2) & Z(3)P(3,3) \end{bmatrix}$$

$$[R_2] = [Z^{`3}(1)P^{`}(1,1)]$$

$$[R_3] = \begin{bmatrix} Z^2(1)P(1,1) & Z^2(2)P(1,2) & Z^2(3)P(1,3) \\ Z^2(1)P(2,1) & Z^2(2)P(2,2) & Z^2(3)P(2,3) \\ Z^2(1)P(3,1) & Z^2(3)P(3,2) & Z^2(3)P(3,3) \end{bmatrix}$$

$$[R_4] = [Z^{`4}(1)P^{`}(1,1)]$$

En posant $[D_R] = \begin{bmatrix} I_d & 0 & 0 \\ 0 & R_1 & 0 \\ 0 & 0 & R_2 \\ 0 & R_3 & 0 \\ 0 & 0 & R_4 \end{bmatrix}$, le système d'équations (III.3.7) peut s'écrire comme suit :

$$|u\rangle = \begin{bmatrix} |irr\rangle \\ |rac\rangle \end{bmatrix} = \begin{bmatrix} I_d & 0 & 0 \\ 0 & R_1 & 0 \\ 0 & 0 & R_2 \\ 0 & R_3 & 0 \\ 0 & 0 & R_4 \end{bmatrix} \cdot \begin{bmatrix} |irr\rangle \\ |R\rangle \\ |T\rangle \end{bmatrix} = [D_R] \begin{bmatrix} |irr\rangle \\ |R\rangle \\ |T\rangle \end{bmatrix} \quad \text{(III.3.8)}$$

avec:

$$dim[D_R] = (14 \times 10)$$

En utilisant la relation (III.3.8), on peut réécrire le système (III.3.3) de la manière suivante:

$$[D_S(10 \times 10)] \begin{bmatrix} |irr\rangle \\ |R\rangle \\ |T\rangle \end{bmatrix} = |0\rangle \qquad \text{(III.3.9)}$$

III.3.2.3 Résultats et discussion

Pour les trois possibilités de J_R(0.9, 1 et 1.1), où J_R est le rapport de l'intégrale d'échange de la zone perturbée sur l'intégrale d'échange parfaite, les états de magnons localisés de spins au voisinage des deux contre marches magnétiques, sont obtenus en calculant le déterminant de l'équation (III.3.9).

$$det[D_S(10 \times 10)] = 0$$

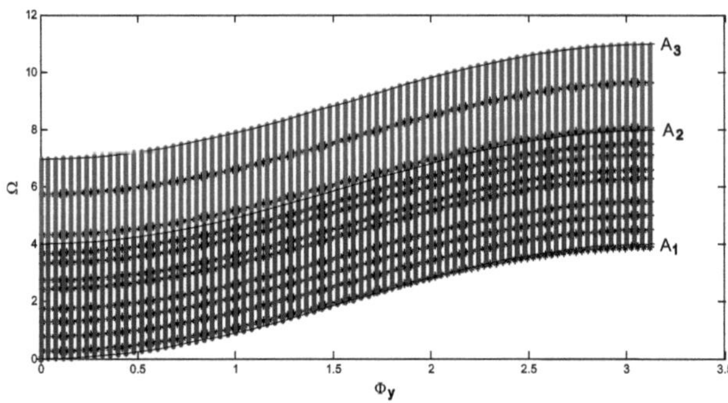

Figure III.3.3.1 : Limites des bandes passantes des magnons de volume dans les deux guides d'ondes parfaits droit et gauche(en trait continu), aves les modes localisés au voisinage des deux contre marches (en pointillés), pour $J_R = 0.9$

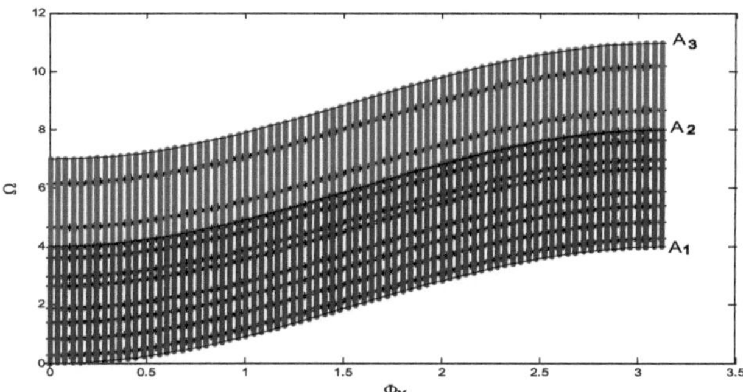

Figure III.3.3.2 : Limites des bandes passantes des magnons de volumes dans les deux guides d'ondes parfaits droit et gauche(en trait continu), aves les modes localisés au voisinage des deux contre marches (en pointillés), pour $J_R = 1$.

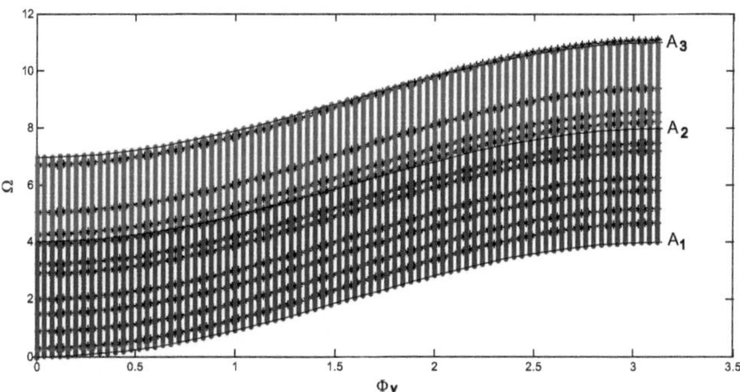

Figure III.3.3.2 : Limites des bandes passantes des magnons de volumes dans les deux guides d'ondes parfaits droit et gauche(en trait continue), aves les modes localisés au voisinage des deux contre marches (en pointillés), pour $J_R = 1.1$.

Les figures (III.3.3.1), (III.3.3.2) et (III.3.3.3), représentent les bandes passantes des modes de volume, ainsi que les courbes de dispersions des magnons localisés, qui sont représentées en pointillés sur les figures précédentes pour différents valeurs du paramètre J_R les limites (A_1, A_2) et (A_1, A_3) des bandes passantes des magnons des deux guides d'ondes parfaits droit et gauche respectivement sont présentées en trait continu sur les figures (III.3.3.1), (III.3.3.2) et (III.3.3.3). Nous remarquons sur ces figures que le nombre de branches de magnons localisés qui apparaissent est moins important que celui qu'on a déjà vu dans les deux cas de défauts, interface magnétiques et deux contre marches magnétiques spins A et B. Cela est essentiellement dépendant de la nature de défaut. Nous constatons aussi sur ces figures que la bande passante du triple plan est recouverte presque à moitié par la bande passante du simple. plan. Pour $J_R = 0.9$, nous avons une seule banche acoustique (voir figure III.3.3.1), et pour $J_R = 1$ nous n'avons aucune branche (voir figure III.3.3.2), tandis que pour $J_R = 1.1$ nous avons uniquement une seule branche optique (voir figure III.3.3.3). Nous avons constaté que pour $J_R < 1$ (adoucissement), nous avons que des modes acoustiques et pour de valeurs de $J_R > 1$ (durcissement), nous avons que des modes optiques par contre pour $J_R = 1$ (homogène) nous n'avons pas de modes localisées au niveau du défaut mais seulement des résonances dont les fréquences sont situées dans la bande passante de volume.

III.3.4 Densités d'états de magnons au voisinage des deux contre marches

Pour avoir les densités d'états de magnons au voisinage du défaut, nous avons opté pour une méthode basée essentiellement sur les fonctions de Green et la méthode de raccordement.

III.3.4.1 Résultats et discussion

La figure (III.3.4), donne les courbes des densités d'états respectivement pour les spins situés aux sites (a), (b), (c), (d) et (f) formant la région de défaut. Le calcul numérique a été fait pour trois cas, pour $J_R = 0.9$, $J_R = 1$ et $J_R = 1.1$ (de l'adoucissement jusqu'au durcissement on passant par le cas homogène).

Les courbes sont réparties sur trois colonnes selon les différentes valeurs de l'interaction d'échange magnétique locale dans la région de défaut J_R, de l'adoucissement à gauche au durcissement à droite, et six lignes correspondent aux spins situés dans la zone irréductible de la figure (III.3.2), en classant le site (a) en haut et le site (g) en bas.

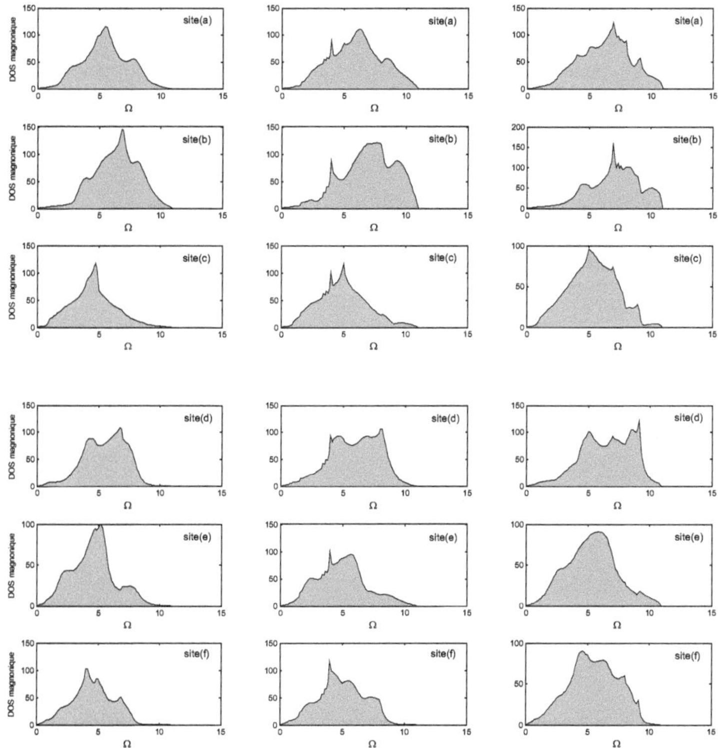

Figure III.3.4.: Courbes de densités d'états de magnons de spins (a), (b), (c), (d), (e) et (f) pour les trois valeurs de $J_R(0.9, 1\ et\ 1.1)$, classées en colonne 1, 2 et 3 respectivement.

Pour la valeur de $J_R = 0.9$, on remarque que sur toutes les figures l'apparition des pics ayant une basse fréquence (Ω< 4) correspondant aux états acoustiques, de même pour une valeur $J_R = 1.1$, on remarque l'apparition des pics dans la région de haute fréquences, et ce qui correspond au branches optiques. On constate aussi que les densités d'états sur chaque site se décalent vers les hautes fréquences allant de l'adoucissement à l'homogénéité et enfin le durcissement.

III.3.5 Etude de la diffusion

Dans ce paragraphe nous allons voir comment deux contre marches magnétiques diffusent-elles les ondes de spin d'une région parfaite vers une autre? Sachant que dans n'autre cas l'onde de spin ferromagnétique se propage de la zone parfaite droite vers la zone parfaite gauche via deux contre marches ferromagnétiques isolées.

Les résultats numériques sont obtenus pour les différentes valeurs du rapport des interactions d'échanges J_R et de l'angle incidence Φ_y, dans le cas d'une onde se propageant de la droite vers la gauche du défaut.

III.3.5.1 Coefficients de transmission et de réflexion

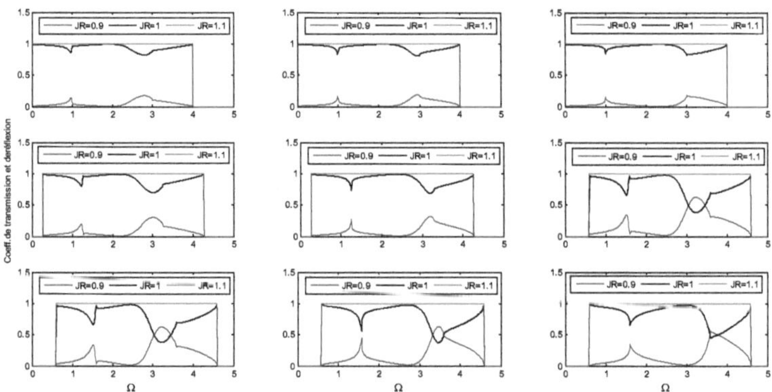

Figure III.3.5: Coefficients de transmission et de réflexion de la lacune magnétique en fonction de l'énergie de diffusion Ω, pour les trois valeurs de $J_R(0.9, 1\ et\ 1.1)$, classées en colonnes 1, 2 et 3 respectivement, et pour les différentes valeurs de l'angle. incidence Erreur ! Signet non défini. $\Phi_y = \left(0, \frac{\pi}{6}\ et\ \frac{\pi}{4}\right)$, rangées en lignes 1, 2

La figure (III.3.5), présente l'évolution des courbes de transmission et de la réflexion en fonction de l'énergie réduite Ω. Notons que ces courbes existent sur la totalité du domaine de la plage de propagation, la où les vitesses de groupe sont non nulles. On remarque aussi que les coefficients de transmission et de réflexion vérifient la condition de l'unitarité. Ceci nous permet à chaque fois de vérifier nos calcules numériques.

Les courbes sont rangées en trois colonnes selon le paramètre J_R, de l'adoucissement ($J_R < 1$) à gauche au durcissement ($J_R > 1$) à droite passant par l'homogène

($J_R = 1$), et en trois lignes qui correspondent aux différents valeurs de l'angle incidence Φ_y $\left(0, \frac{\pi}{6}, \frac{\pi}{4}\right)$, classées de haut en bas respectivement.Dans le cas où$\Phi_y = 0$, on remarque que le coefficient de transmission, en trait continu est presque nul, à des basses énergies, est quand l'énergie devienne plus importante c'est-à-dire Φ_y tend vers les hautes énergies, on enregistre une légère augmentation pour le coefficient de transmission, après il diminue pour s'annuler aux bords de la zone de Brillouin.

En faisant varier l'angle d'incidence Φ_y, lorsque ce dernier augmente et prend des valeurs$\Phi_y = \left\{\frac{\pi}{6}, \frac{\pi}{4}\right\}$, nous remarquons le décalage des courbes des coefficients de transmission et de réflexion vers les hautes énergies. De plus, on enregistre la diminution de nombre d'oscillations avec le durcissement de l'intégrale d'échange magnétique.

A partir de là, nous pouvons dire que les ondes de spins de basses énergies n'ont pas l'énergie suffisante pour franchir le défaut magnétique. Ensuite, au fur et à mesure qu'on monte en énergie, la transmission augmente, car les ondes deviennent plus énergétiques qu'auparavant. La croissance et la décroissance de coefficient de transmission sont dues aux interactions des ondes de spin de volume avec différents modes localisés au voisinage du défaut.

III.3.5.2 Conductance magnonique

La conductance magnonique $\sigma(\Omega)$ est définie comme étant la somme des coefficients de transmission.

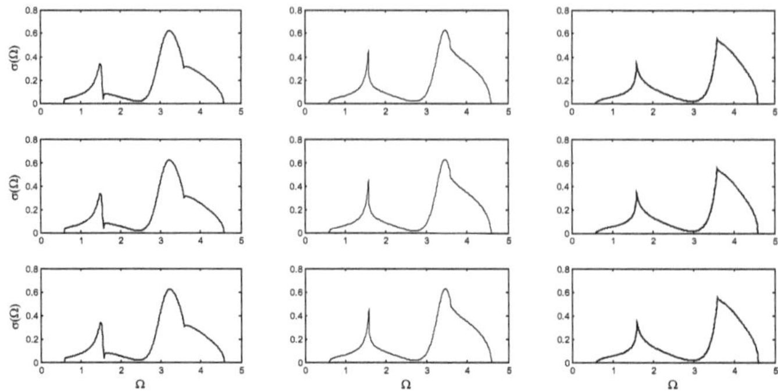

Figure III.3.6 : Conductance magnonique $\sigma(\Omega)$ (en fonction de l'énergie réduite Ω, pour l'angle d'incidence $\Phi_y = \left\{0, \frac{\pi}{6}\ et\ \frac{\pi}{4}\right\}$ rangés de haut en bas, et pour nction les trois valeurs de $J_R(0.9, 1\ et\ 1.1)$ de droite vers la gauche 1). respectivement.

Notons que ces courbes existent sur la totalité du domaine d'existence de la plage de propagation, là où les vitesses de group sont non nulles.

Les courbes sont rangées en trois colonnes selon le paramètre J_R, de l'adoucissement vers le durcissement de la gauche vers la droite, et en trois lignes qui correspondent aux différentes valeurs de l'angle incidence Φ_y $\left(0, \frac{\pi}{6}, \frac{\pi}{4}\right)$, classées de haut en bas respectivement. Lorsque l'angle incidence augmente, nous remarquons le décalage des courbes de la conductance magnonique vers les hautes énergies. De plus, on enregistre en même temps une légère augmentation de l'intensité de la conductance magnonique. Nous remarquons aussi sur cette figure, que le paramètre J_R, influe fortement sur le nombre de résonance, qui augmente en fonction de la croissance de ce paramètre vers les valeurs supérieures.

Chapitre IV

Impact d'une lacune sur la dynamique d'ondes de spin d'un et trois plans atomiques

IV.1 Introduction

Les recherches concernant les propriétés des surfaces et des manocontacts sont un vaste sujet de recherche qui fait apparaitre un concept principal de la course à la miniaturisation [52-54], l'intérêt porté à la connaissance de ces propriétés est stimulé par l'importance du domaine d'application.

Le but de ce chapitre est de relever l'impact d'un défaut ponctuel (lacunes) atomique sur la dynamique de spin des systèmes ferromagnétiques désordonnés composés respectivement d'un et trois plans atomiques. Pour cette étude nous avons suivi une procédure identique à celle utilisée dans les chapitres précédents de ce mémoire. Nous avons fait l'étude dynamique des spins dans les régions de volume loin des défauts, suivi d'un calcul d'états localisés et de densité d'états de magnons dans les régions de défauts. Enfin nous essayons de répondre à la question suivante: comment un défaut ponctuel (une lacune) dans une structure ferromagnétique diffuse-t-il-les ondes de spins?

Ce chapitre est constitué de deux parties, la première est consacrée à l'étude de la diffusion d'ondes de spin par une lacune dans une structure multicouches atomiques constituée de trois plans atomiques, la deuxième à l'étude de la diffusion d'onde de spin par une lacune mais dans un plan atomique simple.

IV.2 Diffusion d'ondes de spin par un défaut ponctuel lacunaire dans trois plans

IV 2.1 Présentation du modèle

Le système modèle que nous avons choisi d'étudier dans cette partie, de notre travail, est schématisé sur la figure (2.IV.1) ci-dessous. Celle-ci présente un film ferromagnétique semi-infini perturbé par une lacune atomique entre deux guides d'ondes parfaits.

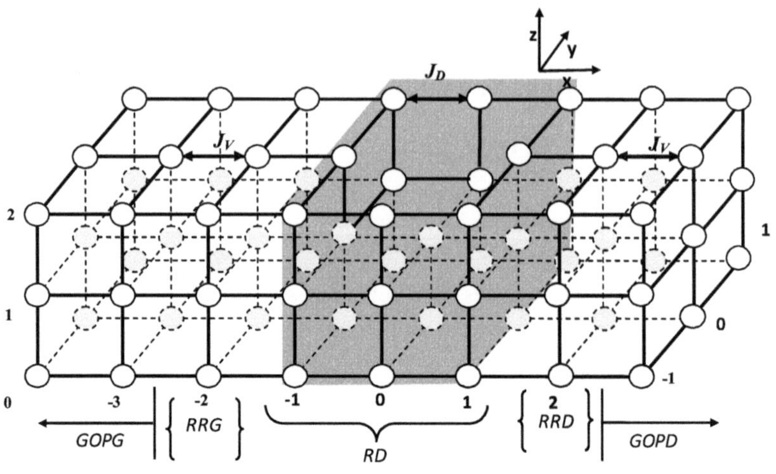

Figure. IV 2.1: Représentation schématique de trois plans atomiques et une lacune.

A chaque atome du réseau, nous avons attribué un vecteur de spin $S_p(n,s,m)$, de composant S_p^x , S_p^y ,S_p^z. Les indices(n,s,m), sont des nombres entiers donnant la position du vecteur spin le long des trois directions cartésiennes x,y et z, respectivement. Les axes z et y sont supposés parallèles à l'interfacé magnétique, tandis que l'axe x est supposé normal à cette dernière.

Etant donné que les deux systèmes semi-infinis ont des paramètres physiques identiques, la lacune atomique constitue un défaut qui brise la symétrie de translation dans la direction x, donc le théorème de Bloch n'est pas applicable suivant cette direction, d'où pour résoudre un tel problème, on applique la méthode de raccordement qui est décrite dans les chapitres précédents de ce travail.

IV.2.2 Dynamique des spins dans les systèmes ordonnés

Puisque les deux guides d'ondes parfaits gauche et droite ont les mêmes propriétés physiques, donc il suffit de faire une étude pour un seul guide d'onde parfait.

L'étude dynamique pour trois plans a été faite déjà dans la partie du chapitre III.

IV.2.3 Calcul des états de magnons localisés au voisinage d'une lacune

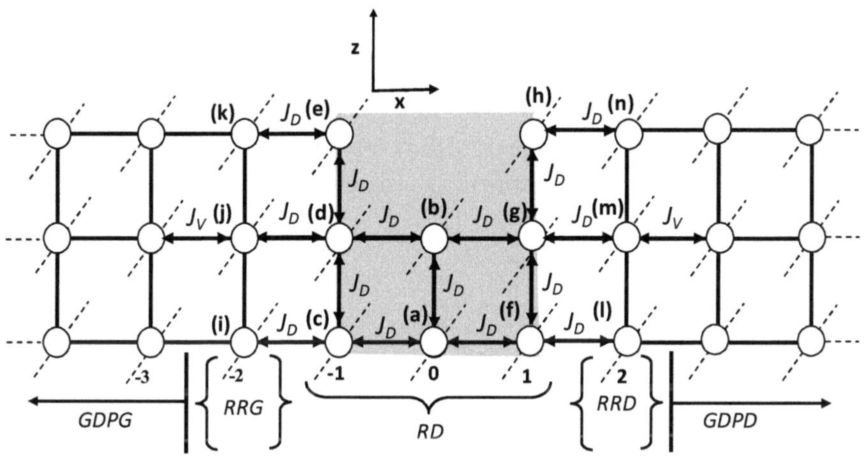

Figure IV.2.2 : Projection sur le plan *(ox, oz)*, d'un film ferromagnétique constitué de trois plans atomiques perturbés par une lacune.

VI.2.3.1 Matrice de défaut

La matrice du défaut D_P trouve son origine dans l'écriture des équations de mouvement de précession des vecteurs de spin appartenant aux colonnes {-2,-1, 0, 1,2}.

Les équations de mouvement de précession des vecteurs de spin, peuvent se mettre sous forme matricielle D_P .

$$[\Omega I - D_P].|0\rangle \qquad \text{(IV.2.1)}$$

Avec $dim[D_P] = 14 \times 20$

$$dim|0\rangle = 20 \times 1$$

$$dim|u\rangle = 14 \times 1$$

VI.2.3.2 Matrice de raccordement

La matrice de raccordement sert à établir une relation entre les amplitudes de précessions des vecteurs de spin appartenant à la zone irréductible et le champ de précession des modes en volume [74].

Les amplitudes de précession des vecteurs de spin appartenant à la région de raccordement gauche peuvent s'écrire de la manière suivante :

$$u_\alpha(n,s,m)=\sum_{\nu=1}^{3}[Z(\nu)]^{-n}\cdot R\cdot P(\alpha,\nu) \qquad \text{pour} \quad n<-1 \qquad \text{(IV.2.2)}$$

De la même manière pour les amplitudes de précession des vecteurs de spin appartenant à la région de raccordement droite, elles peuvent s'exprimer par :

$$u_\alpha(n,s,m)=\sum_{\nu=1}^{3}[Z(\nu)]^{n}\cdot R\cdot P(\alpha,\nu) \qquad \text{pour} \quad n>1 \qquad \text{(IV.2.3)}$$

Le vecteur $|u\rangle$, représente les amplitudes des vecteurs de spin appartenant a la zone de défaut, peut se décomposer en deux parties [20] :

$$|u\rangle=\begin{bmatrix}|irr\rangle\\|rac\rangle\end{bmatrix} \qquad \text{(IV.2.4)}$$

- La partie $|irr\rangle$ est constituée par les amplitudes de précessions des huit vecteurs de spin irréductibles formant la région de défaut (partie grise sur la figure.IV.2.1).
- La partie $|rac\rangle$ est formée par les amplitudes de précessions associées aux douze vecteurs de spin raccordés (colonnes$n=-3,-2,2,3$) .

$$dim|irr\rangle=(8\times 1)$$
$$dim|rac\rangle=(12\times 1)$$

$$|u\rangle = \begin{bmatrix} |irr\rangle \\ |rac\rangle \end{bmatrix} = \begin{bmatrix} I_d & 0 & 0 \\ 0 & R_1 & 0 \\ 0 & 0 & R_2 \\ 0 & R_3 & 0 \\ 0 & 0 & R_4 \end{bmatrix} \begin{bmatrix} |irr\rangle \\ |R\rangle \\ |T\rangle \end{bmatrix} = [D_R] \begin{bmatrix} |irr\rangle \\ |R\rangle \\ |T\rangle \end{bmatrix} \qquad \text{(IV.2.5)}$$

$$\begin{bmatrix} I_d & 0 & 0 \\ 0 & R_1 & 0 \\ 0 & 0 & R_2 \\ 0 & R_3 & 0 \\ 0 & 0 & R_4 \end{bmatrix} = [D_R]$$

$[D_R]$ matrice de raccordement tel que $dim[D_R] = 20 \times 14$. I_d est une matrice identité et R_1,R_2,R_3 et R_4 sont des sous matrices carrées de dimensions (3×3).

$$[R_1] = \begin{bmatrix} Z^2(1)p(1,1) & Z^2(2)p(1,2) & Z^2(3)p(1,3) \\ Z^2(1)p(2,1) & Z^2(2)p(2,2) & Z^2(3)p(2,3) \\ Z^2(1)p(3,1) & Z^2(2)p(3,2) & Z^2(3)p(3,3) \end{bmatrix}$$

$$[R_2] = \begin{bmatrix} Z^2(1)p'(1,1) & Z^2(2)p'(1,2) & Z^2(3)p'(1,3) \\ Z^2(1)p'(2,1) & Z^2(2)p'(2,2) & Z^2(3)p'(2,3) \\ Z^2(1)p'(3,1) & Z^2(2)p'(3,2) & Z^2(3)p'(3,3) \end{bmatrix}$$

$$[R_3] = \begin{bmatrix} Z^3(1)p(1,1) & Z^3(2)p(1,2) & Z^3(3)p(1,3) \\ Z^3(1)p(2,1) & Z^3(2)p(2,2) & Z^3(3)p(2,3) \\ Z^3(1)p(2,1) & Z^3(2)p(3,2) & Z^3(3)p(3,3) \end{bmatrix}$$

$$[R_4] = \begin{bmatrix} Z^3(1)p'(1,1) & Z^3(2)p'(1,2) & Z^3(3)p'(1,3) \\ Z^3(1)p'(2,1) & Z^3(2)p'(2,2) & Z^3(3)p'(2,3) \\ Z^3(1)p'(3,1) & Z^3(2)p'(3,2) & Z^3(3)p'(3,3) \end{bmatrix}$$

$$[D_P\,(14 \times 20)][D_R(20 \times 14)] \begin{bmatrix} |irr\rangle \\ |R\rangle \\ |T\rangle \end{bmatrix} = |0\rangle \qquad \text{(IV.2.6)}$$

Soit : $$[D_S(14 \times 14)] \begin{bmatrix} |irr\rangle \\ |R\rangle \\ |T\rangle \end{bmatrix} = |0\rangle \qquad \text{(IV.2.7)}$$

Pour les différents valeurs de J_R, les états de magnons localisés au voisinage de la zone perturbé, sont obtenus à partir de la relation suivante :

$$det[D_S(14 \times 14)] = 0 \qquad \text{(IV.2.8)}$$

Tel que : $J_R = {}^{J_D}/_{J_V}$

Avec :

J_V : Interaction d'échange entre les spins des atomes appartenant aux deux guides d'ondes parfaits, gauche et droite.

J_D : Interaction d'échange entre les spins des atomes appartenant à la zone perturbée.

VI.2.3.3 Résultats et discussion

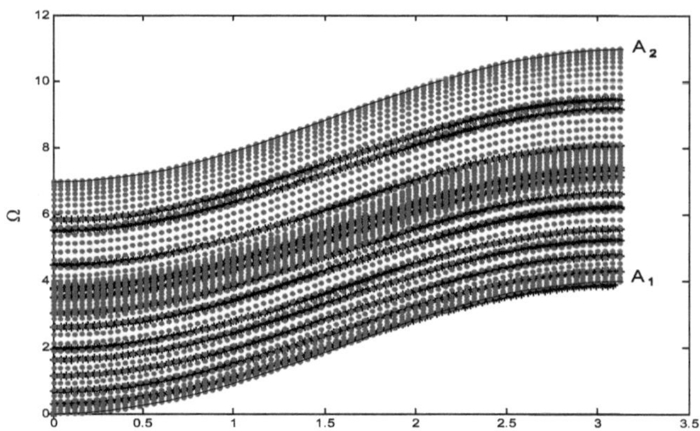

Figure IV.2.3.1 : Limites de la bande passante de magnons de trois plan parfait (en trait continu), avec les modes localisés au voisinage de la lacune magnétique pour $J_R = 0.9$.

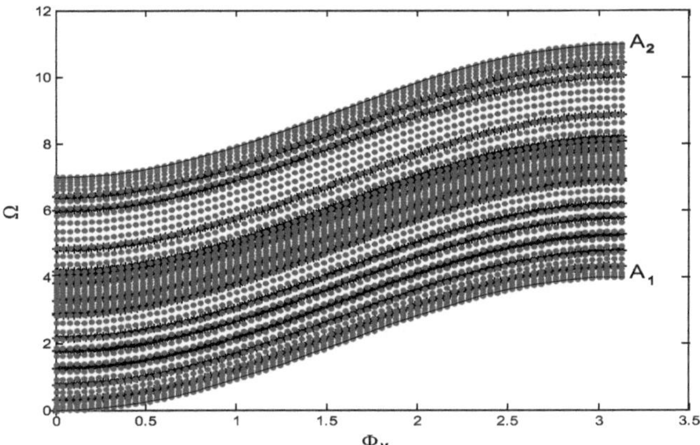

Figure IV.2.3.2 : Limites de la bande passante de magnons de trois plans parfaits (en trait continu), avec les modes localisés au voisinage de la lacune magnétique, pour $J_R = 1$.

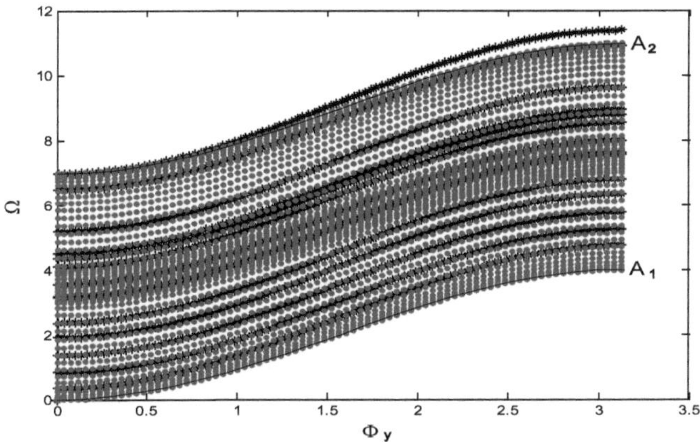

Figure IV.2.3.3 : Limites de la bande passante de magnons de trois plans parfaits (en trait continu), avec les modes localisés au voisinage de la lacune magnétique, pour : $J_R = 1.1$.

La résolution numérique de l'équation (IV.2.1) dans l'espace (Ω, Φ_y) permet de déterminer les états de volume des deux régions parfaites gauche et droite de la structure étudiée, qui sont représentés par des bandes passantes continues sur les figures (IV.2.3.1 - IV.2.3.3).

De plus, la résolution numérique de l'équation (IV.2.8), dans l'espace (Ω, Φ_y) montre l'existence de magnons localisés au voisinage de la lacune qui sont représentés en pointillés sur les figures (IV.2.3.1 - IV.2.3.3). Notons que la quantité et la nature des branches de magnons localisés dépendent fortement du paramètre J_R, sachant que ce dernier est défini comme étant le rapport entre l'intégrale d'échange de la zone perturbée J_D et celui de la zone parfaite J_V.

Sur la figure (IV.2.3.1) relative au cas $J_R = 0.9$, nous enregistrons un mode localisé au dessous de la bande de volume. Pour la valeur $J_R = 1$, nous n'observons aucun mode sur la figure (IV.2.3.1), on dit qu'il y a disparition des modes, et enfin pour le dernier cas $J_R = 1.1$, on observe la réapparition d'un mode localisé mais cette fois ci au dessus de la bande de volume voire figure (IV.2.3.3).

Nous avons constaté aussi que pour $J_R < 1$ (adoucissement), nous avons que des modes acoustiques et pour de valeurs de $J_R > 1$ (durcissement), nous avons que des modes optiques par contre pour $J_R = 1$ (homogène) nous n'avons pas de modes localisées au niveau du défaut mais des résonnances.

IV.2.4 Densité d'états magnoniques

IV.2.4.1 Résultats et discussion

Les figures (IV.2.4.1 IV.2.4.2), présentent les courbes des densités d'états de magnons des spins situés aux sites (a), (b), (c), (d), (e), (f), (g) et (h) formant la région irréductible, et sont données en unité arbitraire, en fonction de la fréquence normalisée Ω, dans la première zone de Brillouin. Le calcul numérique est fait pour trois valeurs différentes de J_R (0.9, 1.0 et 1.1) correspondant respectivement à l'adoucissement, homogénéité et durcissement d'interaction d'échange dans la zone perturbée.

Les résultats numériques de la densité d'états magnonique (DOS) sont répartis sur les figures (IV.2.4.1) et (IV.2.4.2), telle que chaque figure est composés de lignes et de colonnes. Les lignes donnent les DOS de chaque site atomique situé dans la zone perturbée et les colonnes décrivent la variation de paramètre J_R, allant de l'adoucissement à droite vers le durcissement à gauche.

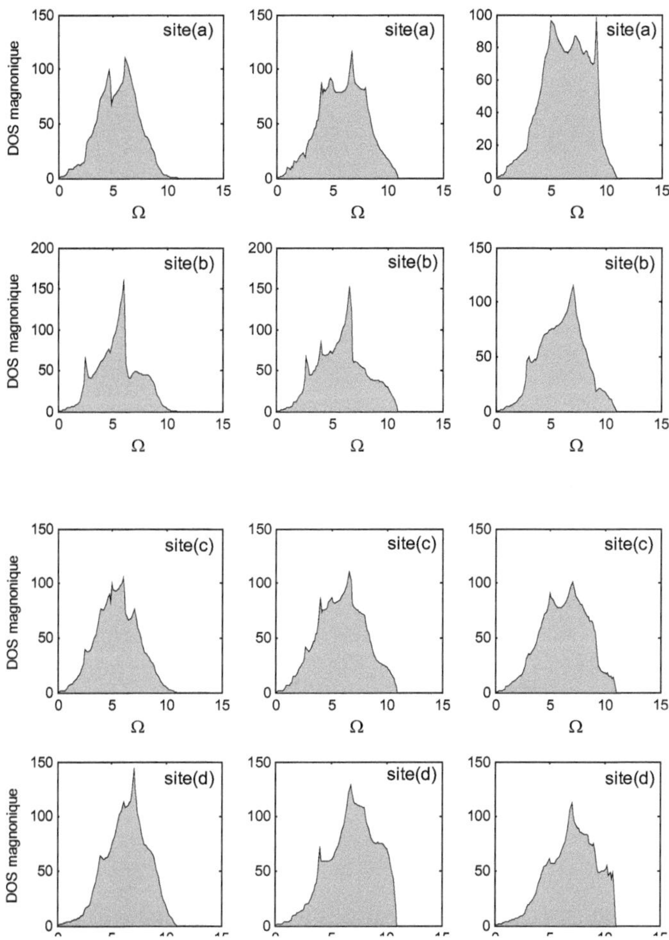

Figure IV.2.4.1 : Courbes de densités d'états de magnons de spins (a), (b),(c) et (d) pour les trois valeurs de J_R $(0.9, 1\ et\ 1.1)$, classées en colonne 1, 2 et 3 respectivement.

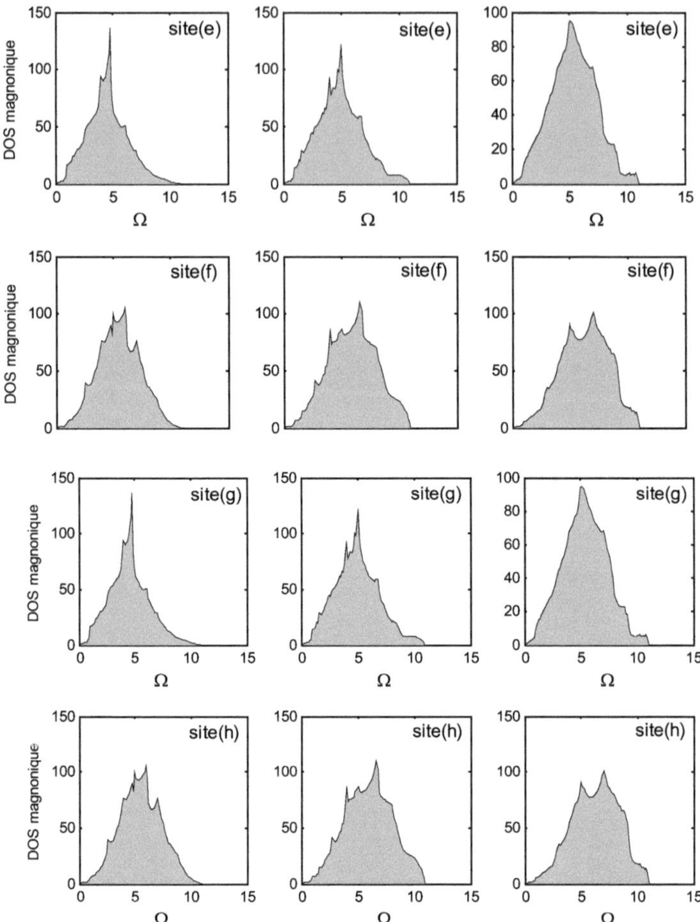

Figure IV.2.4.2 : Courbes de densités d'états de magnons de spins (e),(f), (g) et (h) pour les trois valeurs de $J_R(0.9, 1\ et\ 1.1)$, classées en colonne 1, 2 et 3 respectivement.

L'analyse, des spectres de (DOS), donne une information capitale sur le décalage des positions des pics vers les hautes fréquences avec le durcissement de J_R.

Dans tous les cas on remarque l'apparition des pics dans le domaine de fréquence proche de $\Omega = 4$, pour $J_R < 1$, par contre pour $J_R > 1$ on remarque l'apparition des pics dans le domaine de fréquence proche de $\Omega = 10$, ceux -ci sont dus au couplage de magnons localisés avec les modes propageant de volume.

De plus, la comparaison entre les courbes des huit sites formant la zone de défaut montre que les courbes des densités d'états des sites (c) et (f), (d) et (g), (e) et (h) ont la même allure pour les sites symétriques compte tenu de leur même environnement.

IV.2.5 Etude de la diffusion

L'étude de la diffusion dans ce système est faite comme dans le cas d'une interface magnétique et des deux contre marches ferromagnétiques des chapitres précédents. Les résultats numériques sont obtenus pour les trois valeurs de l'intégrale d'échange J_R (0.9, 1.0 et 1.1) en faisant varier l'angle d'incidence Φ_y, toujours dans le cas d'une onde de spin se propageant de la droite vers la gauche du défaut.

IV.2.5.1 Coefficients de transmission et de réflexion

Les figures (IV.2.5.1 – IV.2.5.2) ci-dessous présentent l'évolution des coefficients de transmission et de réflexion dans les trois modes de précessions en fonction de l'énergie de diffusion **Ω**, .pour les différents paramètres du système.

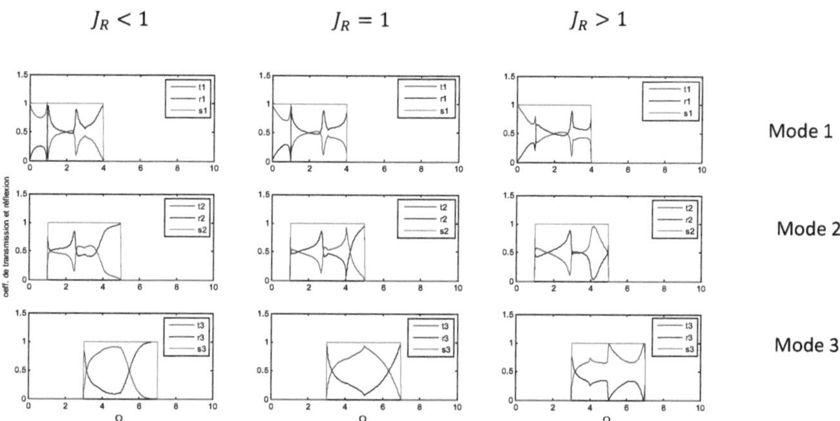

Figure IV.2.5.1 : Coefficients de transmission et de réflexion en fonction de l'énergie de diffusion Ω, dans le cas d'une incidence $\Phi_y = 0$.

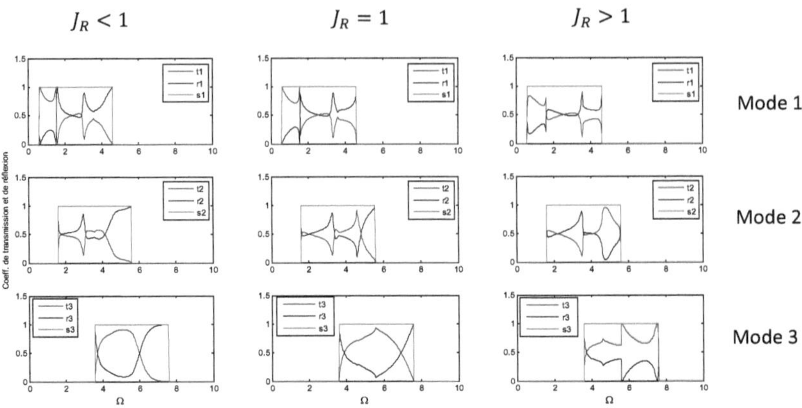

Figure IV.2.5.2 : Coefficients de transmission et de réflexion en fonction de l'énergie de diffusion Ω, dans le cas d'une incidence $\Phi_y = \frac{\pi}{4}$.

On remarque que ces courbes existent sur la totalité du domaine de la plage de propagation là où les vitesses de groupe sont non nulles. Notons aussi que sur toutes les figures les coefficients de transmission et de réflexion vérifient la condition de l'unitarité. Les courbes sont réparties, en trois colonnes selon le paramètre J_R ($J_R < 1, J_R = 1, J_R > 1$) allant de l'adoucissement à gauche vers le durcissement à droite et en trois lignes telles que chacune d'elles donne l'évolution des coefficients de transmission et de réflexion classés du mode 1 en haut au mode 3 en bas. La figure (IV.2.5.1), représente les coefficients de transmission et de réflexion dans le cas $\Phi_y = 0$. On remarque pour $J_R < 1$ le mode 1 montre un coefficient de transmission qui commence à partir d'une énergie nulle. A partir de cette observation on peut constater, que les ondes de spins sont capables de franchir le défaut même à basse énergie. En faisant varier Ω le coefficient de transmission subit des oscillations d'intensité variable pour s'annuler aux bords de la zone de Brillouin. Pour le mode 2 et le mode 3 on remarque que la transmission ne débute pas à partir d'une énergie nulle. Les trois modes présentent de résonance de Fano, ce qu'induit une interaction entre les modes propres de volume et les modes localisés dû au défaut.

La figure (IV.2.5.2), donne l'allure des coefficients de transmission et de réflexion dans le cas $\Phi_y = \frac{\pi}{4}$ .On remarque bien le décalage des courbes de transmission et de réflexion, ce dernier devient de plus en plus important au fur et à mesure que Φ_y augmente. On dit que le phénomène de la diffusion est très influencé par l'angle d'incidence Φ_y.

IV.2.5.2 Conductance magnonique

La figure (IV.2.6), représente la transmission totale appelée aussi la conductance magnonique $\sigma(\Omega)$, ces courbes sont données en fonction de l'énergie de diffusion Ω. Elles résultent de le la contribution des trois modes propageant de la structure parfaite en même temps, contrairement aux courbes de coefficients de transmission et de réflexion données précédemment qui sont des contributions individuelles de chaque mode séparément.

Les courbes de la conductance magnonique sont rangées en deux lignes, pour décrire l'influence et l'effet de l'angle d'incidence Φ_y Elles sont rangées aussi en trois colonnes pour décrire la variation de l'intégrale magnétique local*e* J_R, allant de l'adoucissement à gauche au durcissement à droite.

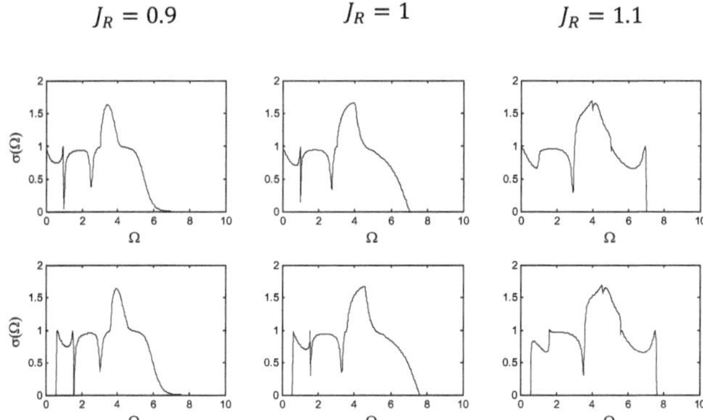

Figure IV.2.6 : Conductance magnonique $\sigma(\Omega, \Phi_y)$ en fonction de l'énergie de diffusion Ω dans le cas des valeurs suivantes : $\Phi_y = 0$, $\Phi_y = \frac{\pi}{4}$.

On remarque bien sur ces figures que le nombre des oscillations qui apparaissent augmente en allant de l'adoucissement vers le durcissement, et notons aussi que les courbes de la conductance magnonique se décale vers les hautes énergies en augmentant l'angle d'incidence Φ_y.

IV.3. Diffusion d'ondes de spin par un défaut ponctuel lacunaire dans un plan

IV.3.1 Présentation du modèle

Le système modèle que nous avons choisi d'étudier dans cette partie, est représenté sur la figure (IV.3.1). Celui-ci est un plan carré infini repéré par les indices *n* et *s*, contenant un défaut du type lacunaire c'est-à-dire l'absence d'un atome sur un site normalement occupé. La présence de ce défaut brise la symétrie de translation dans les deux directions cartésiennes x et y. Dans notre étude, on considère qu'une seule brisure de symétrie, est sera celle suivant l'axe *(ox)*, pour laquelle on applique la méthode de raccordement tandis que suivant l'axe *(oy)* on suppose que l'onde ne voit pas le défaut.

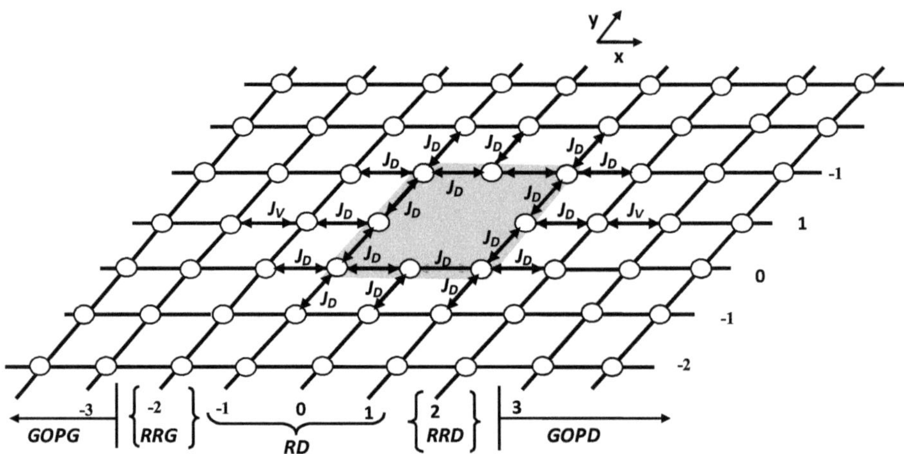

Figure IV.3.1: Représentation schématique d'un plan perturbé par une lacune, visualisation des régions : de défaut **(RD)**, de raccordement **{(RRD), (RRG)}**, et des deux guides d'ondes parfaits **{(GOPD), (GOPG)}.**

Les atomes du guide d'ondes parfait et ceux de la zone perturbée ont le même quantum de spin S, mais d'interaction d'échange différente, pour cela nous avons introduit les paramètres suivants :

J_V : Interaction d'échange entre les spins des atomes appartenant aux deux guides d'ondes

parfaits, gauche et droit.

J_D : Interaction d'échange entre les spins des atomes appartenant à la zone perturbée.

Nous avons introduit la notation suivante pour alléger nos calculs :

$$J_R = {}^{J_D}/_{J_V} \qquad \text{(IV.3.1)}$$

IV.3.2 Dynamique précessionnelle de spins en volume

Le système modèle est un plan carré infini formé d'atome identique. L'interaction d'échange limité aux premiers proches voisins, qu'on note par J_V.

La dynamique d'un plan est faite dans le chapitre (III).

IV.3.3 Etats de magnons localisés au voisinage du défaut

L'objectif de ce paragraphe est d'étudier les états localisés induits par la présence de la lacune. Les calculs se basent essentiellement sur la méthode de raccordement.

IV.3.3.1 Matrice dynamique du système perturbé

La matrice dynamique du système perturbé D_P, trouve son origine dans l'écriture des équations du mouvement de précession des vecteurs de spin situés dans la zone du défaut a(0,0) ; b(0,2) ; c(-1,0) ;d(-1,1) ;e(-1,2) ; f(1,0) ; g(1,1) et h(1,2) figure (IV.3.2), et de ceux appartenant aux deux régions de raccordements i(-2,1) et j(2,1), possédant un environnement du guide d'onde parfait.

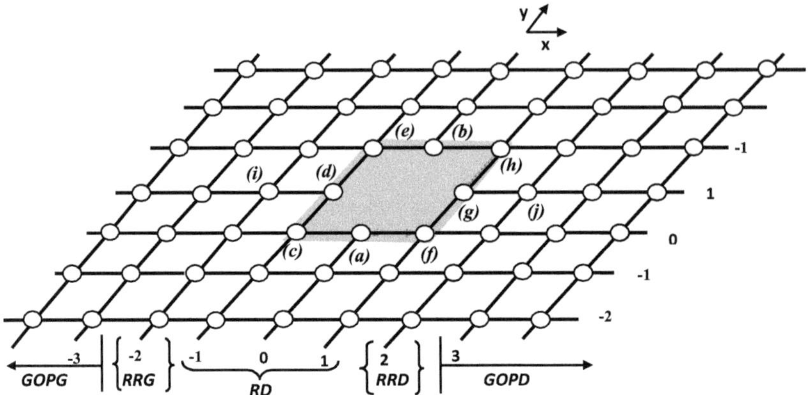

Figure IV.3.2 : Visualisation des sites de la région de défaut (sites irréductibles), et les sites de raccordement.

La matrice correspondant à l'écriture des équations de mouvement, est une matrice rectangulaire D_P formé de 10 lignes et de 12 colonnes, contenant plus d'inconnues que d'équations, telle que :

$$[M_P] \cdot |u\rangle = |0\rangle \tag{IV.3.2}$$

avec

$$dim[M_P] = 10 \times 12$$

$$dim|u\rangle = 12 \times 1$$

$$dim|0\rangle = 10 \times 1$$

où :

Le vecteur $|u\rangle$ décrit les amplitudes de précession de tous les vecteurs de spin appartenant à la zone perturbée.

$$[D_P] = \begin{bmatrix} e_1 & 0 & J_R & 0 & 0 & J_R & 0 & 0 & 0 & 0 & 0 & 0 \\ 0 & e_2 & 0 & 0 & J_R & 0 & 0 & J_R & 0 & 0 & 0 & 0 \\ J_R & 0 & e_3 & J_R & 0 & 0 & 0 & 0 & e_7 & 0 & 0 & 0 \\ 0 & 0 & J_R & e_4 & J_R & 0 & 0 & 0 & J_R & 0 & 0 & 0 \\ 0 & J_R & 0 & J_R & e_5 & 0 & 0 & 0 & e_8 & 0 & 0 & 0 \\ J_R & 0 & 0 & 0 & 0 & e_3 & J_R & 0 & 0 & e_7 & 0 & 0 \\ 0 & 0 & 0 & 0 & 0 & J_R & e_4 & J_R & 0 & J_R & 0 & 0 \\ 0 & J_R & 0 & 0 & 0 & 0 & J_R & e_5 & 0 & e_8 & 0 & 0 \\ 0 & 0 & 0 & J_R & 0 & 0 & 0 & 0 & e_6 & 0 & 1 & 0 \\ 0 & 0 & 0 & 0 & 0 & J_R & 0 & 0 & 0 & e_6 & 0 & 1 \end{bmatrix}$$

et

$$e_1 = \Omega - J_R\left(3 - Z^{-1}\right)$$

$$e_2 = \Omega - J_R(3 - Z)$$

$$e_3 = \Omega - J_R\left(4 - Z^{-1}\right)$$

$$e_4 = \Omega - 3J_R$$

$$e_5 = \Omega - J_R(4 - Z)$$

$$e_6 = \Omega - J_R - 3 + Z + Z^{-1}$$

$$e_7 = J_R Z^{-1}$$

$$e_8 = J_R Z$$

IV.3.3.2 Matrice de raccordement

La matrice de raccordement sert à établir des relations entre les amplitudes de précessions des vecteurs de spin appartenant au domaine de défaut magnétique et les champs de précessions des modes des deux guides d'ondes parfaits {(GOPG) ; (GOPD)}.

Pour cela nous avons représenté les amplitudes de précessions des vecteurs de spin appartenant à la région de raccordement par une combinaison linéaire de vecteurs $|RT\rangle$ définissant un espace fini. Dans le cas présent, on est en présence de deux régions de raccordement, c'est pour cela que nous définissons deux bases distinctes

{R} et {T}, la première pour la région de raccordement droite (RRD) et la seconde caractérise la région de raccordement gauche (RRG).

Les amplitudes de précessions des vecteurs de spin appartenant à (RRG) peuvent s'écrire de la manière suivante :

$$u_\alpha(n,s) = [Z(v)]^n \cdot R \cdot p(\alpha, v) \qquad \text{pour } n > 1 \qquad \text{(IV.3.3)}$$

De même pour les amplitudes de précessions des vecteurs de spin appartenant à (RRG) peuvent s'exprimer par :

$$u_\alpha(n,s) = [Z(v`)]^{-n} \cdot T \cdot p(\alpha, v`) \qquad \text{pour } n < -1 \qquad \text{(IV.3.4)}$$

Dans lesquelles α, représente une des deux directions de l'espace cartésien.et $p(\alpha, v)$ et $p(\alpha, v`)$ les poids pondérés associés aux différents modes évanescents, déterminés à l'aide des vecteurs propres de la matrice dynamique du guide d'onde parfait D_P définie auparavant.

Le vecteur $|u\rangle$, décrivant les amplitudes de précessions des vecteurs de spin appartenant à la zone perturbée (voir figure (IV.3.2) peut se décomposer en deux parties :

Le vecteur $|irr\rangle$ est constitué par les amplitudes de précessions des huit vecteurs de spin irréductibles formant la région du défaut le vecteur $|rac\rangle$ est formé par les amplitudes de précessions des deux sites de la région de raccordement, ainsi que des deux sites voisins, ceci pour les deux bases $|R\rangle$et $|T\rangle$, et on écrit :

$$|u\rangle = \begin{bmatrix} |irr\rangle \\ |rac\rangle \end{bmatrix} \qquad \text{(IV.3.5)}$$

Avec : $dim|irr\rangle = (8 \times 1)$, $dim|rac\rangle = (4 \times 1)$

On peut alors écrire le raccordement des vecteurs de spin à l'aide de l'expression suivante :

$$|u\rangle = \begin{bmatrix} |irr\rangle \\ |rac\rangle \end{bmatrix} = \begin{bmatrix} I_d & 0 & 0 \\ 0 & R_1 & 0 \\ 0 & 0 & R_2 \\ 0 & R_3 & 0 \\ 0 & 0 & R_4 \end{bmatrix} \begin{bmatrix} |irr\rangle \\ |R\rangle \\ |T\rangle \end{bmatrix} = [M_R] \begin{bmatrix} |irr\rangle \\ |R\rangle \\ |T\rangle \end{bmatrix} \qquad \text{(IV.3.6)}$$

avec

$$[M_R] = \begin{bmatrix} I_d & 0 & 0 \\ 0 & R_1 & 0 \\ 0 & 0 & R_2 \\ 0 & R_3 & 0 \\ 0 & 0 & R_4 \end{bmatrix}$$, est la matrice de raccordement.

Où

I_d est la matrice identité de dimension (8 × 8), et R_1,R_2,R_3 et R_4 sont des sous matrices données par :

$$R_1 = [Z^2(1,1) \cdot p(1,1)]$$

$$R_2 = [Z^2(1,1)] \cdot p`(1,1)]$$

$$R_{3=}[Z^3(1,1)] \cdot p(1,1)]$$

$$R_4 = [Z^3(1,1) \cdot p`(1,1)]$$

$dim[M_R] = (12 \times 10)$

En utilisant la relation (IV.3.6), on peut alors réécrire le système (IV.3.2) de la manière suivante:

$$[D_P(10 \times 12)][D_R(12 \times 10)] \begin{bmatrix} |irr\rangle \\ |R\rangle \\ |T\rangle \end{bmatrix} = |0\rangle \qquad \text{(IV.3.7)}$$

Si le produit de la matrice D_P par D_R donne la matrice D_S, la dernière relation peut être réécrite comme suit :

$$[D_S(10 \times 10)] \begin{bmatrix} |irr\rangle \\ |R\rangle \\ |T\rangle \end{bmatrix} = |0\rangle \qquad \text{(IV.3.8)}$$

Pour des valeurs de J_R données, les états de magnons localisés au voisinage de la lacune sont obtenus en calculant le déterminant de la matrice de la relation (IV.3.8).

$$det[D_S(10 \times 10)] = |0\rangle \qquad \text{(IV.3.9)}$$

IV.3.3.3 Résultats et discussion

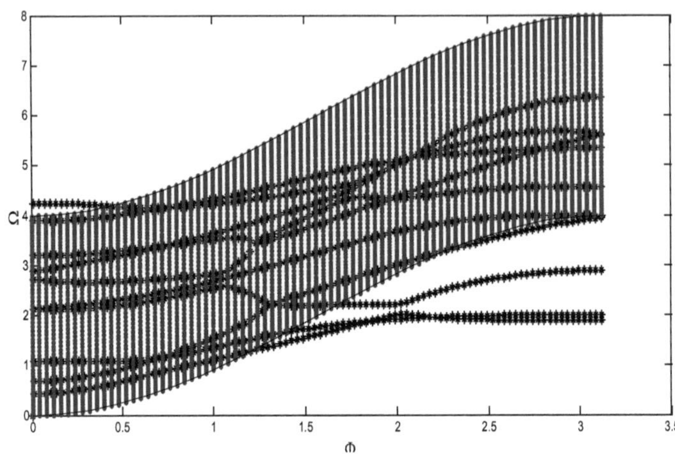

Figure IV.3.4 : Limites de la bande passante de magnons d'un plan parfait (en trait continu), avec les modes localisés au voisinage de la lacune magnétique, pour $J_R = 0.9$.

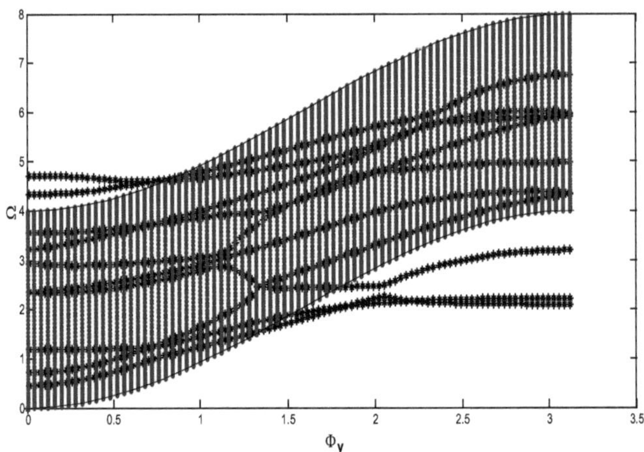

Figure IV.3.5 : Limites de la bande passante de magnons d'un plan parfait (en trait continu), avec les modes localisés au voisinage de la lacune magnétique, pour $J_R = 1$.

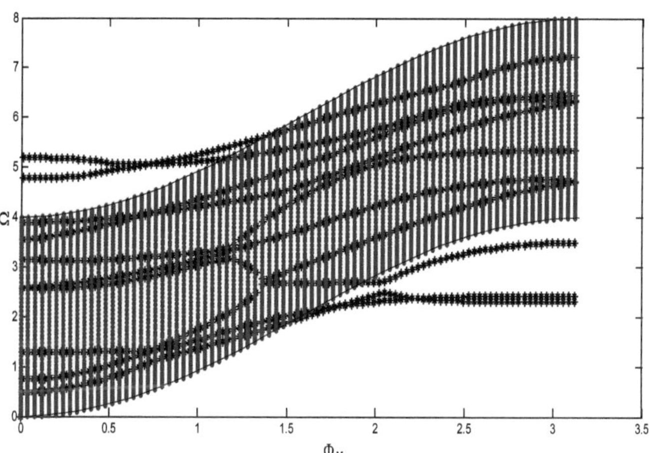

Figure IV.3.6 : Limites de la bande passante de magnons d'un plan parfait (en trait continu), avec les modes localisés au voisinage de la lacune magnétique, pour $J_R = 1.1$.

La résolution numérique de l'équation (IV.3.2), permet de déterminer pour le système non perturbé, les régions dans l'espace$\left(\Omega, \Phi_y\right)$, correspondantes à des modes propageant de volume (appelé aussi états de volume), pour lesquels $|Z| = 1$. Ces derniers sont représentés par la surface continuée (bleu) sur les figures (IV.3.4), (IV.3.5) et (IV.3.5).

On remarque bien sur ces figures, que la largeur de la bande passante s'étale toujours dans une plage d'énergie [0-4], quelle que soit la valeur du paramètre J_R ($J_R < 1$; $J_R = 1$; $J_R > 1$), défini comme étant le rapport de l'interaction d'échange de la région du défaut et celle du guide d'onde parfait (volume). On peut dire par cela que la largeur de la bande de volume ne dépend pas du paramètre J_R .

De plus, la résolution de l'équation (IV.3.9), permet de déterminer dans l'espace$\left(\Omega, \Phi_y\right)$, les courbes des états de magnons localisés au voisinage de la lacune. Les figures (IV.3.4), (IV.3.5) et (IV.3.6), montrent en pointillés (noire) pour différents valeurs de paramètre J_R ($J_R < 1$: adoucissement, $J_R = 1$: homogène et $J_R > 1$: durcissement), les branches de magnons localisés au niveau de la zone du défaut. Nous remarquons tout d'abord sur ces figures, que le nombre de magnons localisés qui apparaissent est plus important que celui qu'on a déjà vu dans le cas de la structure trois plans une lacune dans la première partie de ce chapitre. De plus, on voit bien des modes localisés au dessous et au dessus de la bande de volume et que leur nombre et leur nature sont différents.

Sur la figure (IV.3.4) relative au cas $J_R = 0.9$, nous avons quatre modes situés au dessous de la bande de volume et un mode localisé situé au dessus de la bande de volume Pour $J_R = 1$ (figure IV.3.5), nous notons l'existence de trois modes au dessous de la bande de volume et deux modes au dessus de la bande de volume, ils sont appelés modes optiques.

Enfin pour $J_R = 1.1$, figure (IV.3.6), il y a trois modes au dessous de la bande de volume et deux modes au dessus de la bande de volume.

En fonction du paramètre J_R, les modes localisés se décalent vers le haut est deviennent plus énergétique avec le durcissement de l'intégrale d'échange de la zone perturbée du système étudié. La croissance de nombre de branches qui apparaissent au voisinage de la lacune, dans le cas du durcissement de J_R, probablement est due à une forte interaction entre les modes propageant du volume et les modes oscillant dans la région perturbée qui possède les limites de la brisure de symétrie.

IV.3.4 Densités d'états magnoniques au voisinage de la lacune

Pour déterminer les densités d'états de magnons au voisinage d'une inhomogénéité magnétique de type lacune présentée sur la figure (IV.3.2), nous utilisons une méthode basée essentiellement sur les fonctions de Green associées à la méthode de raccordement.

IV.3.4.1 Résultats obtenus

Sur les figures (IV.3.7) et (IV.3.8) nous avons présenté les densités d'états de magnons **(DOS)**, des spins situés aux sites (a), (b), (c), (d), (e), (f) et (g), formant la région de défaut (figure B.2). Le calcul numérique a été fait pour trois valeurs différents du paramètre J_R(0.9 ,1 et 1.1).

Les courbes sont réparties sur trois colonnes selon les différentes valeurs de l'interaction d'échange magnétique locale dans la région de défaut J_D, de l'adoucissement à gauche au durcissement à droite, et huit lignes correspondent aux spins situés dans la zone irréductible de la figure (IV.3.2), en classant le site (a) en h.. ;aut et le site (g) en bas.

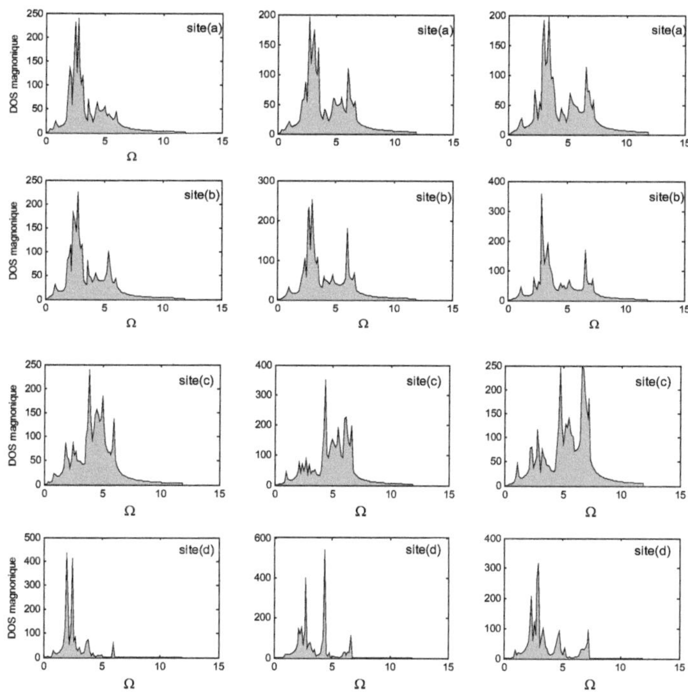

Figure IV.3.7 : Courbes de densités d'états de magnons de sites (a), (b), (c) et (d), pour les trois valeurs de $J_R(0.9, 1\ et\ 1.1)$, classées en colonne 1, 2 et 3 respectivement.

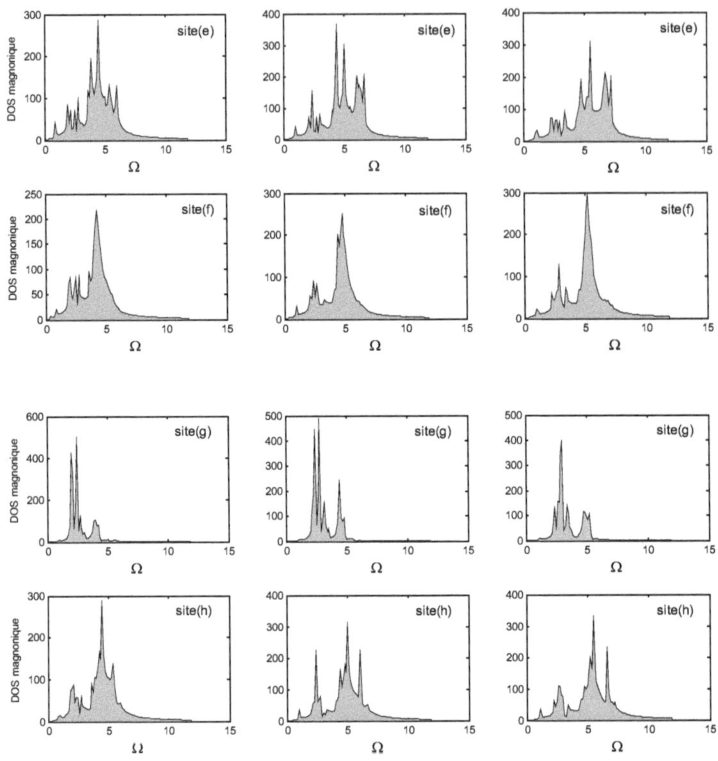

Figure IV.3.8 : Courbes de densités d'états de magnons de sies (e), (f), (g) et (h), pour les trois valeurs de $J_R(0.9, 1\ et\ 1.1)$, classées en colonnes 1, 2 et 3 respectivement.

IV.3.4.2 Discussion des résultats

Les figures (IV.3.7) et (IV.3.8), donnent les courbes des densités d'états magnoniques **(DOS)**, pour les différents sites de spins situés dans la zone de défaut en fonction de la fréquence réduite Ω et les paramètres du système dans cette zone perturbée.

Ces figures présentent une richesse en pics, plus importante que celle obtenue dans le cas précédent de ce chapitre. Ceci est justifié, car le nombre de modes localisés obtenus dans ce cas est plus grand que dans le cas précédent (trois plans une lacune).

On note aussi le décalage des positions des pics vers les hautes fréquences avec le durcissement, et c'est la même remarque pour les branches localisées au voisinage du défaut. Cela nous amène à dire que les pics observés peuvent être associés aux différentes branches localisées (acoustiques, optiques) au voisinage de la lacune

IV.3.5 Etude de la diffusion

Nous présentons dans ce paragraphe les résultats numériques concernant la diffusion d'ondes de spins ferromagnétiques se propageant de droite vers la gauche du trou atomique engendré par l'absence d'un atome.

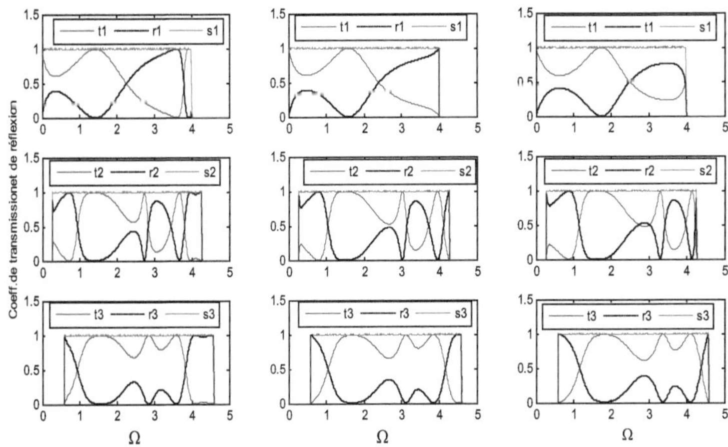

Figure IV.3.9: Coefficients de transmission et de réflexion de la lacune magnétique en fonction de l'énergie de diffusion Ω, pour les trois valeurs de $J_R(0.9, 1\ et\ 1.1)$, classées en colonnes 1, 2 et 3 respectivement, et pour les différentes valeurs de l'angle incidence $\Phi_y = \left(0, \frac{\pi}{6}\ et\ \frac{\pi}{4}\right)$, rangées en lignes 1, 2 et 3 respectivement.

La figure (IV.3.9), présente l'allure des coefficients de transmission et de réflexion en fonction de l'énergie de diffusion Ω. Nous pouvons vérifier sur cette figure que la somme (**s**) vaut toujours un (s = t+ r= 1), ainsi que ces courbes existent sur la totalité du domaine de propagation de la structure parfaite, là où les vitesses de groupe sont non nulles $\Omega \in [0-4]$.

Les courbes sont rangées en colonnes pour les trois cas probables (J_R) de l'environnement magnétique dans la zone perturbée, de l'adoucissement ($J_R < 1$) à gauche au durcissement ($J_R > 1$) à droite passant par l'homogénéité ($J_R = 1$) ; et les lignes correspondent aux différents valeurs de l'angle incidence $\Phi_y \left(0, \frac{\pi}{6}, \frac{\pi}{4}\right)$, classées de haut en bas, respectivement.

Les courbes de transmission sont représentées en traits discontinus et celles de la réflexion en traits continus.

Dans le cas où $\Phi_y = 0$ (ligne une de la figure IV.3.9), on remarque que le coefficient de transmission commence à partir d'une énergie nulle. En augmentant Ω le coefficient de transmission (t), subissent des oscillations de pics (croissance, décroissance), pour s'annuler au bord de la région de propagation.

Dans le cas d'une incidence oblique$\Phi_y = \frac{\pi}{6}$ (ligne deux de la figure IV.3.9), on remarque que le coefficient de transmission ne débute qu'à partir d'une certaine énergie. En faisant varier Ω le coefficient subit des oscillations puis s'annule au bord de zone de Brillouin. Notons que leur nombre est important par rapport au cas précédent$\left(\Phi_y = 0\right)$,

Dans le cas où $\Phi_y = \frac{\pi}{4}$ (ligne trois de la figure IV.3.9), le coefficient de transmission débute qu'à partir d'une certaine valeur d'énergie Ω, mais plus grande par rapport à celle dans le cas $\Phi_y = \frac{\pi}{6}$, puis ce coefficient subit des oscillations puis s'annule au bord de la zone de propagation.

On remarque aussi sur toutes ces courbes, que le nombre d'oscillations enregistré diminue de l'adoucissement$(J_R < 1)$ au durcissement $(J_R > 1)$.

On augmente l'angle incidence (Erreur ! Signet non défini. Φ_y), le décalage des courbes de transmission et de réflexion devient de plus en plus important vers les hautes énergies. On peut dire que le phénomène de transmission et de réflexion nécessite plus d'énergie. Dans le cas de $\left(\Phi_y = 0\right)$ les ondes de spins sont capables de franchir le défaut même à des basses énergies. La croissance et la décroissance de coefficient de transmission, sont dues aux interactions des modes de la région parfaite avec les différents modes localisés au voisinage du défaut, selon le sens de déplacement de ces modes.

IV.3.6 Conductance magnonique

L'allure de la conductance magnonique $\sigma(\Omega,\Phi_y)$, du système étudié (figure IV.3.1) et donné sur les figures (IV.3.10), (IV.3.11) et (IV.3.12), pour les trois possibilités de $J_R(0.9, 1\ et\ 1.1)$ et aussi pour les différents valeurs de l'angle incidence Φ_y $(0, \frac{\pi}{6}\ et\ \frac{\pi}{3})$

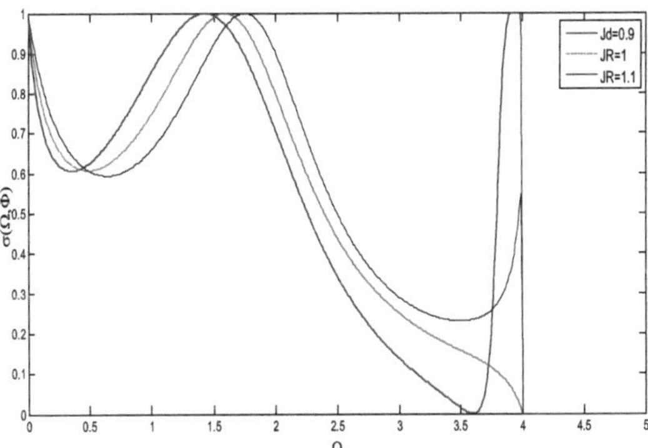

Figure IV.3.10: Conductance magnonique σ en fonction de l'énergie normalisée Ω, pour l'angle d'incidence $\Phi_y = 0$, pour les trois valeurs de J_R $(0.9, 1\ et\ 1.1)$.

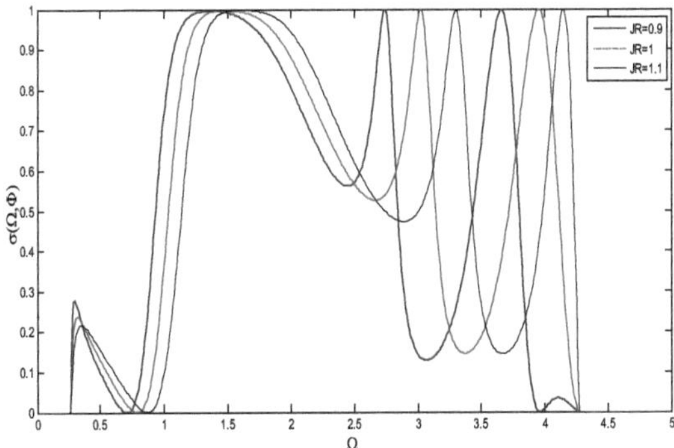

Figure IV.3.11: Conductance magnonique σ en fonction de l'énergie réduite Ω, pour l'angle d'incidence $\varphi_y = \frac{\pi}{6}$, pour les trois valeurs de $J_R(0.9, 1\ et\ 1.1)$.

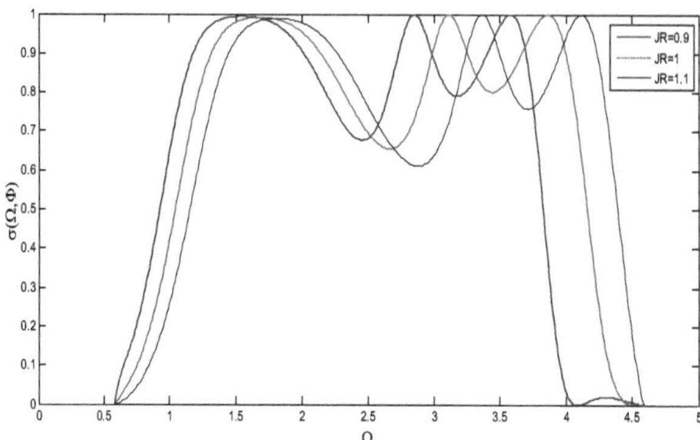

Figure IV.3.12: Conductance magnonique σ en fonction de l'énergie réduite Ω, pour l'angle d'incidence $\Phi_y = \frac{\pi}{4}$, pour les trois valeurs de $J_R(0.9, 1\ et\ 1.1)$.

Nous constatons aussi sur toutes les figures (IV.3.10), (IV.3.11) et (IV.3.12), le décalage des courbes de la conductance magnonique vers les hautes énergies, quand l'angle incidence augmente et prend les valeurs de 0, puis $\pi/6$ et $\pi/4$. Ainsi que le décalage des oscillations de spectre de conductance attribuées aux résonances de Fano vers les hautes fréquences avec le durcissement de l'intégrale d'échange magnétique J_R.

CONCLUSION GENERALE

Nous avons développé une approche théorique qui permet de traiter la diffusion d'ondes de spin dans les systèmes de basses dimensions ayant des défauts structuraux. L'intérêt scientifique porté à la connaissance des propriétés de ces systèmes, nous a motivé à développer une approche théorique et de simulation numérique permettant l'étude des phénomènes de localisation et de diffusion d'ondes de spin dans les systèmes ferromagnétiques quasi-bidimensionnels inhomogènes. Cette approche est basée essentiellement sur la méthode de raccordement.

A partir d'un Hamiltonien d'Heisenberg décrivant toutes les interactions entre premiers proches voisins, le développement de la théorie de simulation a permis de mettre en évidence l'influence de défauts (interface magnétique, deux contre marches et une lacune) sur les propriétés de localisations de la diffusion d'ondes de spin dans des guides d'ondes ferromagnétiques de basses dimensions. Pour cela nous avons commencé par l'étude dynamique des spins dans les guides d'ondes parfaits (loin du défaut). Ensuite nous utilisons la méthode de raccordement et la simulation numérique pour le calcul des états de magnons localisés aux voisinages des différents défauts, suivi d'un calcul des densités d'états des spins des sites formants les zones de défauts, et enfin nous avons calculé les coefficients de transmissions et de réflexions ainsi que la conductance magnonique de ces systèmes liée à une grandeur mesurable en l'occurrence la conductivité thermique du système.

Nos résultats numériques ont mis en évidence, l'apparition de nouveaux états de magnons au voisinage des défauts considérés inexistants dans le guide parfait. Nous avons aussi constaté que la nature et le nombre des branches dépend fortement des différents paramètres des systèmes étudiés et de la fréquence réduite Ω.

Les résultats numériques des densités d'états associées aux magnons localisés donnent des pics d'intensité et de largeur dépendant des différent paramètres physiques des systèmes.

Enfin, en ce qui concerne l'étude du phénomène de la diffusion, nous avons constaté une grande dépendance des coefficients de transmission et de réflexion de l'onde excitatrice ainsi que des paramètres des systèmes perturbés. Les résultats numériques montrés sur les figures présentes des pics de résonances de type Fano dont les origines sont attribuées au couplage entre les modes propageants et les états localisés dus à la présence des différents défauts structurants du type ponctuel, étendu ou linéaire. Chaque structure est caractérisée par ses différents graphes de coefficients de transmission, de réflexion et conductance totale, lesquels peuvent servir à leur investigation et à leur contrôle.

PERSPECTIVES

Concernant les perspectives offertes par ce travail, nous citons:

- Application de ces modèles dans d'autres systèmes ferromagnétiques, comme les systèmes antiferromagnétiques et ferrimagnétiques avec des défauts étendus et linéaire telles que les dislocations.
- Calcules d'autres grandeurs physiques intéressantes, telle que la chaleur spécifiques des magnons.

Références

[1] R. Chadli, Mémoire de Magister, Université de Tizi Ouzou (2004).
[2] A. Khater and M. Abou. Ghantous. Surf. Sci. Lett. 498, L97 (2002).
[3] D. Zhao, Fengliu, D. L. Huber and M. G.Lagally, J. Appl. Phys. 91, 5 (2002).
[4] S. P. Li, M. Natali, A. Lebib, A. Pépin, Y. Chen, Y. B. Xu, J. Magn. Magn. Mat. 241, 447(2002).
[5] T. M. Nguyena and M. G. Cottam, J.Appl. Phys. 99, 08 J303 (2006).
[6] B. L. Johanson, J. T. Weiler and R. E. Camley, Phys. Rev. B 32, (1986).
[7] E. F. Sarmento and T. Kaneyoshi, Phys. Rev. B 40, 4 (1989).
[8] B. Lazarouvits, L. Szunyogh and P. Weinberger, Phys. Rev. B 67, 024415 (2003).
[9] E. Meloche and M. G. Cottam, Phys. Rev. B 70, 094423 (2004).
[10] R. V. Leite and R. N. Costa Filho. Cond-Mat / 0008223 V1 (2000).
[11] S. Amoudache, R. Tigrine, A. Khater and B. Bourahla, Eur. Phys. J. B 73, 405 (2010).
[12] K. Xia, P. J. Kelly, G. E. W. Bauer, I. Turek, J. Kundrvsky and V. Drchal, Pyh. Rev. B 63,064407(2001).
[13] H. Jang and M. J. Grimson, J. Phys. Condens, Mat. 10, 9641 (1998).
[14] Y.B. Xu, M. Tselepi, J. Wu and S. Wang, J. A. C. Bland, Y. Huttel and G. Van Der Laan. IEEE Trans. Magn. 8, 2652 (2002).
[15] Hyunbun Jang and Malcolm J. Grimson, J. Phys. Condens Matter 10, 9641 (1998).
[16] Z. Gai, G. A. Farnan, J. P. Pierce and J. Shen, Appl. Phys. Lett. 81, 742 (2002).
[17] L. Diekhöner, M. A. Schneider, A. N. Baranov, V. S. Stepanyuk, P. Bruno and K. Kern, Phys. Rev. Lett. 90. 23 (2003).
[18] B. Lazarrouvits, L. Szunyogh and P. Weinberger. Phys. Rev. B 96, 10444 (2002).
[19] L. Udvardi, L. Szunyogh, K. Palotas and P. Weinberger, Physical Review B68,104439 (2003).
[20] B. Bourahla, Thèse de doctorat, Université M. Mammeri de T. Ouzou (2007).
[21] O. Nafa, Mémoire de Magister, Université M. Mammeri de Tizi. Ouzou (2010).
[22] R. Robles, J. Izquierdo, A.Vega, Phys. Rev. B 61, 6848 (2000).
[23] B. A. Ivanov, V. M. Muravyov, D. D. Sheka, J. Experimental and Theoretical Physics 89, 58 (1999).
[24] Denis D. Sheka, Boris A. Ivanov, and Franz G. Mertens, Phys. Rev. B 64, 0242 (2001).
[25] B. Lazarouvits, L. Szunyogh and P. Weinberger, Phys. Rev. B 65, 10441 (2002).

[26] R. Lansauer, Philos B 68, 217 (1970).
[27] R. Lansauer, Z. Phys. B 68, 217 (1987).
[28] Buttiker. Phys. Rev. Lett, 57, 1761 (186).
[29] K. L. Shepard, M. L. Roukes and B. P. Van dergaag, Phys. Rev. B 46, 9648 (1992).
[30] M. Abou Ghantous and A. Khater, Eur. Phys. J. B 12, 335 (1999).
[31] M. Belhadi and A. Khater, Sur. Rev. Lett. 11, 92 (2004).
[32] R. Lai, S. A. Kiselev and A. J. Sievers, Phys. Rev. B 56, 9 (1997).
[33] P. Böni, B. Roessli, D. Görlitz and J. Kötzler, Phys. Rev. B 65, 144434 (2002).
[34] Tekman et P. F. Bagwel, Phys. Rev. B 48, 4 (1999).
[35] C. Berthod, F. Gagel et K. Maschke, Phys. Rev. B 50, 18299 (1994).
[36] A. Khater and W. Czaja, Physica. B 197, 33 (1990).
[37] A. Khater, N. Auby et D. Kechrakos, J. Phys. Condens. Mat. 4, 3743 (1992).
[38] B. Djafari-Rouhani, P. Masri, L. Dobrzynski, Phys. B 15, 5690 (1977).
[39] A. Akjouj, L. Doberzenski, B. Djafari-Rouhani, J. O. Vasseur and M. S. Kushwaha, Eur, Lett. 41, 321 (998).
[40] J. Szeftel and A. Khater, J. Phys. C: Solid State Phys. 20, 4725 (1987).
[41] Y. Pennec, A. Khater, Surf. Sci. 348, 82 (1995).
[42] A. Virlouvet, H. Grimech, A. Khater, Y. Pennec, K. Maschke, J. Phys. Cond. Matter. 8,7589 (1996).
[43] A. Fellay, F. Gagel, K. Maschke, A. Virlouvet and A. Khater, Phys. Rev. B 55, 1707 (1997).
[44] C. Kittel, *Introduction à la physique de l'état solide*, Dunod-Editions, (5ème édition - 1995).
[45] M. Belhadi, Thèse de Doctorat d'Etat, Université M. Mammeri de Tizi Ouzou (2000).
[46] M. Born and T. Von Karman, Z. Physik 13, 297 (1912).
[47] S. Irene, Mémoire de Magister, Université M. Mammeri de Tizi Ouzou (2001).
[48] Niu-Niu Chen and M. G. Cottam, Phys. Rev. B 44, 14 (1991).
[49] R. Tigrine, A. Khater, B. Bourahla, M. Abou. Ghantous, and O. Rafil, Eur. Phys. J. B 62, 59 (2008).
[50] B. Bourahla, A. Khater and R. Tigrine, Eur. Phys. J. B 69, 343 (2009).
[51] B. Bourahla, A. Khater, R. Tigrine, O. Rafil and M. Abou. Ghantous, J. Phys.: Cond. Mat. 19, 266208 (2007)
[52] O. Nafa, B. Bourahla and A. Khater,physica B, 407,1027(2012).
[53] R. L. Stamps, R. E. Camley and R. J. Hicken, J. Appl. Phys. 81, 4485(1997).
[54] R. L. Stamps, R. E. Camley and R. J. Hicken, Phys. Rev. B54, 4160(1996).
[55] Shan-Ho Tsai and D. P. Landau, Cond-Mat/ 0302397 v1 (2003).

[56] S. V. Rakhmanova and A. V. Shchegrov, Phys. Rev. B 57, 22 (1998).
[57] A. Khater and M. Abou Ghantous, Surf. Sci. Lett. 498, L97 (2002).
[58] M. Belhadi and R. Chadli, Sur. Rev. Lett. 11, 323 (2004).
[59] R. L. Stamps, R. E. Camley, B. Hillebrands, G. Güntherodt, Phys. Rev. B 46, 17 (1992).
[60] R. Tigrine, Thèse de Doctorat d'Etat, Université M. Mammeri de Tizi Ouzou (2004).
[61] R. E. Allen, G. P. Alldredge, and F. W. de Wette, Phys. Rev. B 4, 6 (1971).
[62] M. Bouateli, Mémoire de Magister, Université U. S. T. H. B (2007).
[63] R. Chadli, Thèse de Doctorat, Université M. Mammeri de Tizi Ouzou (2012).
[64] R. F. Wallis, A. A. Maradudin, Solid. State. Com. 5, 89 (1967).
[65] T. E. Feuchtwang, Phys. Rev. 155, 731 (1967).
[66] J. Szeftel, A. Khater, F. Mila, S. D'addato and N. Auby, J. Phys. C: Solid State Phys 21, 2113 (1988).
[67] S. Amoudache, Mémoire de Magister, Université Houari Boumediène (Alger) (2005).
[68] B. Bourahla, A. Khater and R. Tigrine, Thin Solid Films 517, 6859 (2009).
[69] B. Bourahla, O. Nafa, A. Khater and R. Tigrine, Physica E 43, 1213 (2011).).
[70] R. Landauer, J. Phys. : Condens. Matter 1, 8099 (1989).
[71] R. E. De Wames and T. Wolfram, Phys. Rev. 185, 2 (1969).
[72] O. Nafa, B. Bourahla and R. Tigrine, Turk. J. Phys 34 (2010).
[73] F. Gagel, and K. Maschke, Phys. Rev, B 52, 2013 (1993).
[74] A. Fellay, Travail Pratique de Diplôme D'ingénieur Physicien Ecole Polytechnique Fédérale de Lausane (EPFL-1995).
[75] D. Zerirgui, R. Tigrine and B. Bourahla, J. Appl. Phys. 111, 044907 (2012).
[76] R. Tigrine, A. Khater, M. Belhadi and O. Rafil, Surf. Sc. 580, 1 (2005).
[77] H. Grimench and A. Khater, Surf. Sci. 323, 198 (1995).
[78] H. Grimench and A. Khater, Surf. Sci. 341, 227 (1995).

Annexe A

Calcul des vitesses de groupe

Par définition, la vitesse de groupe d'un paquet d'ondes est la vitesse à laquelle est transportée l'énergie ou l'information dans un milieu donné. Elle est définie pour les vecteurs d'ondes q réels par :

$$V_g = \partial\omega/\partial q \tag{A.1}$$

Dans le cas où le vecteur d'onde q est différent d'un réel, nous imposons à la vitesse de groupe une valeur nulle.

Pour calculer cette dérivée, deux méthodes différentes peuvent être utilisées : la méthode des différences finies et la méthode des perturbations.

1. Calcul par la méthode des différences finies

Pour calculer la dérivée $\partial\omega/\partial q$, on peut appliquer une méthode simple basée sur les différences finies. Cette méthode profite du fichier contenant les relations de dispersion pour plusieurs valeurs de q comprises entre 0 et π. Ce fichier est indispensable puisqu'il permet de relier les couples $(\Omega(q), Z)$ aux courbes de dispersion correspondantes.

La vitesse de groupe est simplement définie comme étant la pente des courbes de dispersion :

$$V_g = \frac{\Delta\Omega}{\Delta q} = \frac{\Omega_{i+1}-\Omega_i}{q_{i+1}-q_i} \qquad (A.2)$$

2. Calcul par la méthode des perturbations

On part du problème du guide d'onde parfait

$$M_d(q)\vec{u} = -\omega\vec{u} \qquad (A.3)$$

A q fixé, on trouve les valeurs ω_v avec les vecteurs propres $\vec{u}_v$correspondants.

La similitude formelle entre l'équation (A.3) et l'équation de Schrödinger stationnaire

$$H\Psi = E\Psi \qquad (A.4)$$

Supposons connus tous les éléments des équations (A.3)

$$M_d(q_0)\vec{u}(q_0) = -\omega(q_0)\vec{u}(q_0) \qquad (A.5)$$

Le rôle de la perturbation est joué par un accroissement infinitésimal Δq, tel que :

$$q = q_0 + \Delta q \qquad (A.6)$$

Si l'on se limite au premier ordre, nous pouvons considérer que le vecteur propre est constant

$$\vec{u}(q) = \vec{u}(q_0) \tag{A.7}$$

Par contre :

$$M_D(q) = M_D(q_0) + \Delta q \frac{\partial M_D}{\partial q} \tag{A.8}$$

Et

$$\omega(q) = \omega(q_0) + \Delta q \frac{\partial \omega}{\partial q} \tag{A.9}$$

En tenant compte de ces approximations, nous pouvons réécrire l'équation (A.3) à la manière suivante :

$$\left[M_D(q_0) + \omega(q_0) + \Delta q \cdot \frac{\partial M_D}{\partial q} + \Delta q \cdot \frac{\partial \omega}{\partial q}\right] \cdot \vec{u}(q_0)$$

$$\Rightarrow \frac{\partial M_D}{\partial q}\vec{u} = -\frac{\partial \omega}{\partial q}\vec{u}$$

$$\Rightarrow \vec{u}^t \frac{\partial M_D}{\partial q}\vec{u} = -\frac{\partial \omega}{\partial q}\vec{u}^t \cdot \vec{u} = -\frac{\partial \omega}{\partial q}$$

$$\Rightarrow \frac{\partial \omega}{\partial q} = -\vec{u}^t \frac{\partial M_D}{\partial q}\vec{u} \tag{A.10}$$

Où $\vec{u}^t$, est le vecteur transposé du vecteur propre $\vec{u}$.

La matrice dynamique M_D étant connue, il est possible d'en faire la dérivée analytique. La vitesse de groupe est ainsi exprimée par :

$$V_g = \frac{\partial \omega}{\partial q} = -\vec{u}^t \frac{\partial M_D}{\partial q}\vec{u} \tag{A.11}$$

Annexe B

Les éléments de la matrice des fonctions de Green

Si la matrice dynamique M_D, constitue l'outil de base pour calculer les états de magnons localisées, certaines grandeurs physiques, comme les densités spectrales, peuvent être calculées à l'aide de la matrice $G(\omega)$ des fonctions de Green.

$$G(\omega) = [\omega I - M_D]^{-1} \tag{B.1}$$

Pour expliciter les éléments des matrices M_D et $G(\omega)$, de rang *f*, nous choisissons la base des *f* vecteurs $|e_n\rangle$ qu'on définit par :

$$|e_n\rangle = \begin{pmatrix} \vdots \\ \delta_{nm} \\ \vdots \end{pmatrix} \mathrm{m}$$

Soit. $\langle e_n| = (\overline{\cdots}\ \delta_{nm}^{m}\ \overline{\cdots})$ avec *n*, *m* = 1,............*f*.

Désignons par $\langle e_n|e_n\rangle$ le produit scalaire des vecteurs $|e_n\rangle$ et $\langle e_m|$:

$$\langle e_n|e_m\rangle = \sum_i \delta_{ni}\,\delta_{mi}$$

On en déduit la relation d'orthogonalité des vecteurs $|e_n\rangle$:

$$\langle e_n|e_m\rangle = \delta_{nm} \tag{B.2}$$

Et l'équation suivante de fermeture :

$$I = \sum_K |e_k\rangle\langle e_k|$$
(B.3)

En effet, en utilisant (B.2), les éléments de $\sum_k |e_k\rangle\langle e_k|$, dans la base des vecteurs $|e_n\rangle$ s'écrivent :

$$\langle e_n|[\sum_k |e_k\rangle\langle e_k|]|e_m\rangle = \sum_k\langle e_n||e_k\rangle \langle e_k||e_m\rangle = \sum_k \delta_{nk}\delta_{km} = \delta_{nm}.$$

Soit $|u_p\rangle$, $(p = 1, \dots \dots f)$, les vecteurs propres de la matrices dynamique M_D et ω_p les valeurs propres correspondantes. Nous considérons par la suite que cette base est normalisée :

$$\langle u_p|u_p\rangle = 1$$

D'après la définition de ces vecteurs, on peut écrire :

$$\gamma\langle u_{p'}|M_D|u_p\rangle = \omega_p\langle u_{p'}|M_D|u_p\rangle$$

Comme M_D est diagonale dans la base des vecteurs propres, le produit scalaire $\langle u_{p'}|u_p\rangle$ est nul si $|u_{p'}\rangle \neq |u_p\rangle$. D'où l'égalité :

$$\langle u_{p'}|u_p\rangle = \delta_{pp'}$$
(B.4)

1. Calcul des éléments de $G(\omega)$

Dans le but d'exprimer les éléments $\langle e_n|G(\omega)|e_m\rangle$ de la matrice $G(\omega)$ en fonction des valeurs et des vecteurs propres de la matrice M_D , nous introduisons la matrice B de passage entre les deux bases $(|u_p\rangle)$ et $(|e_n\rangle)$:

$$\begin{pmatrix} \vdots \\ |u_p\rangle \\ \vdots \end{pmatrix} = F \begin{pmatrix} \vdots \\ |e_n\rangle \\ \vdots \end{pmatrix}$$

(B.5a)

$$\Leftrightarrow \begin{pmatrix} \vdots \\ |e_n\rangle \\ \vdots \end{pmatrix} = F^{-1} \begin{pmatrix} \vdots \\ |u_p\rangle \\ \vdots \end{pmatrix}$$

(B.5b)

D'après (B.5) : un vecteur propre $|u_p\rangle$ est une combinaison linéaire des f vecteurs $|e_n\rangle$.

$$|u_p\rangle = \sum_{n=0}^{s} \langle e_p|B|e_p\rangle |e_p\rangle$$

(B. 6)

Où l'élément $\langle e_p|B|e_p\rangle$ de la matrice B représente la projection du vecteur propre $|u_p\rangle$ sur le vecteur $|e_n\rangle$.

En effet, d'après (B.6) :

$$\langle e_i|u_p\rangle = \sum_{n=1}^{N_0} \langle e_p|B|e_n\rangle \quad \langle e_k|e_n\rangle = \sum_{n=1}^{N_0} \langle e_p|\, B|e_n\rangle \delta_{kn}$$

D'où l'équation :

$$\langle e_k|u_p\rangle = \langle e_p|\, B|e_k\rangle$$

(B.7)

Pour montrer que la matrice B est unitaire $(B^+ = B^{-1})$, nous allons exprimer, en utilisant (B.3) et (B.6), le produit scalaire $\langle u_{p'}|u_p\rangle$ en fonction de B et B^+ :

$$\langle u_{p`}|u_p\rangle = \sum_n \sum_{n`} \langle e_n|B^+|e_p\rangle\langle e_{p`}|B|e_m\rangle\delta_{mn}$$

$$\Longrightarrow \langle u_{p`}|u_p\rangle = \sum_n \langle e_{p`}|B|e_m\rangle\langle e_m|B^+|e_p\rangle$$

$$\langle u_{p`}|u_p\rangle = \langle e_{p`}|B \cdot B^+|e_p\rangle$$

D'après (B.4), on obtient :

$$\langle e_{p`}|B \cdot B^+|e_p\rangle = \delta_{pp`}$$

(B.8)

On en déduit que la matrice B, définie par (B.5), vérifie la relation :

$$BB^+ = I$$

$$\Longrightarrow B^+ = B^{-1}$$

(B.9)

Cette propriété de la matrice B permet d'établir, pour la base propre, la relation de fermeture qui s'écrit :

$I = \sum_p |u_p\rangle\langle u_p|.$

(B.10)

En effet, d'après (B.7) et (B.8), on peut écrire :

$$\langle e_n| \left[\sum_p |u_p\rangle\langle u_p| \right] |e_m\rangle = \sum_p \langle e_n|u_p\rangle\langle u_p|e_m\rangle$$

$$= \sum_p \langle e_p|B|e_n\rangle\langle e_p|B|e_m\rangle$$

$$= \sum_p \langle e_m|B^+|e_p\rangle\langle e_p|B|e_n\rangle$$

$= \langle e_m | B^+ B | e_m \rangle$

$= \delta_{nm}$

Soit L la matrice diagonale, dont les éléments sont donnés par :

$$\langle e_n | L | e_m \rangle = \omega \delta_{nm}$$
(B.11)

En utilisant l'équation (B.3), on explicite les éléments de la matrice $B^+ \cdot L \cdot B$ de la manière suivante :

$$\langle e_n | B^+ L B | e_m \rangle = \langle e_n | B^+ I L B | e_m \rangle$$

$$= \sum_i \sum_j \langle e_n | B^+ | e_i \rangle \langle e_i | L | e_j \rangle \langle e_j | B | e_m \rangle$$

$$= \sum_i \sum_j \langle e_i | B | e_n \rangle^* \omega_i^2 \delta_{ij} \langle e_j | B | e_m \rangle$$

$$= \sum_i \omega_i^2 \langle e_i | B | e_n \rangle^* \langle e_i | B | e_m \rangle$$

En utilisant (B.7), (B.9) et la définition des vecteurs $|u_p\rangle$, on obtient :

$$\langle e_n | B^+ L B | e_m \rangle = \sum \omega_i \langle e_m | u_i \rangle \langle u_i | e_n \rangle$$

$$= \sum \langle e_m | M_D | u_i \rangle \langle u_i | e_n \rangle$$

$$= \langle e_m | M_D | e_n \rangle$$

Ainsi, si la matrice M_D est symétrique, elle vérifie :

$$M_D = B^+ \cdot L \cdot B$$
(B.12)

D'près (B.1) et (B.10), la matrice $G(\omega^2)$ peut s'exprimer en fonction de B, B^+ et L :

$$G(\omega^2) = [\omega^2 I - D]^{-1} \Rightarrow G(\omega^2) = [\omega^2 - B^+ LB]^{-1}$$

$$\Rightarrow G(\omega^2) = [B^+(\omega^2 I - L)B]^{-1}$$

On en déduit : $G(\omega^2) = B^+(\omega^2 I - L)^{-1} B$

(B.13)

D'après (B.11), les éléments $\langle e_n|(\omega^2 I - L)^{-1}|e_m\rangle$ de la matrice $(\omega^2 I - L)^{-1}$ s'écrivent :

$$\langle e_n|(\omega^2 I - L)^{-1}|e_m\rangle = \frac{\delta_{nm}}{(\omega^2 - \omega_n^2)}$$

(B.14)

En utilisant les équations (B.3), (B.13) et (B.14), les éléments de la matrice $G(\omega)$ peuvent s'écrire :

$$\langle e_n|G(\omega^2)|e_m\rangle = \sum_p \sum_{p`} \langle e_n|u_p\rangle \frac{\delta_{pp`}}{(\omega^2 - \omega_p^2)} \langle e_m|u_{p`}\rangle$$

(B.15)

$$\Rightarrow \langle e_n|G(\omega^2)|e_m\rangle = \sum_p \frac{\langle e_n|u_p\rangle\langle e_m|u_{p`}\rangle}{(\omega^2 - \omega_p^2)}$$

2. Densités spectrales

Densité magnoniques

Désignons par $\gamma(\omega)$ le spectre de fréquence (densités d'états) du système :

$$\gamma(\omega) = \sum_p \delta(\omega - \omega_p) \qquad \text{(B.16)}$$

$\gamma(\omega)$: représente le nombre d'états de spin dont la fréquence est égale à ω. Comme la matrice B est unitaire, $\gamma(\omega)$ peut être exprimée par les équations suivantes :

$$\gamma(\omega) = \frac{1}{3N} \sum \gamma_n(\omega)$$

(B.17)

Où $\gamma_n(\omega)$ est la densité spectrale définie par :

$$\gamma_n(\omega) = \sum_p \langle e_n | u_p \rangle \delta(\omega - \omega_p) \quad \text{(B.18)}$$

$\gamma_n(\omega)$: représente physiquement la somme des carrés des amplitudes de précessions des spins excitées sur un site donné suivant une direction cartésienne, de tous les modes propres de fréquence $\omega_p = \omega$. En tenant compte du fait que :

Afin d'éviter toute divergence dans les calculs, nous pouvons ajouter une infime partie imaginaire ε à la variable ω, ce qui donne :

$$\lim_{\varepsilon \to 0^+} \frac{\varepsilon/\pi}{(\omega - \omega_p)} = \delta(\omega - \omega_p) \quad \text{(B.19)}$$

On trouve :

$$\gamma_n(\omega) = \frac{\omega}{\pi} Im\langle e_n | G(\omega) | e_n \rangle \quad \text{(B.20)}$$

D'après (B.15), les valeurs propres ω_p de M_D représentent les pôles des éléments de l'opérateur$G(\omega)$.

$$\gamma_n(\omega) = -\frac{2\omega}{\pi} \lim_{\varepsilon \to 0^+} [Im\langle e_n | G(\omega^2 + j\varepsilon) | e_n \rangle] \quad \text{(B.21)}$$

L'opérateur de Green est obtenu à partir de la matrice carrée M_D(qui résulte du produit entre la matrice défaut et la matrice de raccordement).

La matrice de densité spectrale est alors donnée par la relation suivante :

$$\rho^{l,l`}_{(\alpha,\beta)}(\Omega) = \Omega \sum_m P^l_{\alpha m} P^{l`}_{\beta m} \delta(\Omega - \Omega_m) = \Omega \lim_{\varepsilon \to 0^+} \left(Im\left[G^{ll`}_{\alpha\beta}(\Omega + i\varepsilon) \right] \right) \quad \text{(B.22)}$$

Où l et l` représentent deux sites atomiques différents, α et β les directions cartésiennes, et $P^l_{\alpha m}$ la composante α du vecteur déplacement de l'atome l dans le modeΩ_m.

La densité d'état correspond à la somme de la trace des matrices de densité spectrale, elle peut s'écrire comme :

$$N(\Omega) = \sum_{l\alpha} \rho_{(\alpha,\alpha)}^{l,l`}(\Omega) = (-\Omega/\pi) \sum_{l\alpha} \lim_{\varepsilon\to 0^+}\left(Im\left[G_{\alpha\alpha}^{ll`}(\Omega + i\varepsilon)\right]\right) \quad \text{(B.23)}$$

Printed by Books on Demand GmbH, Norderstedt / Germany